MÉMOIRE AVEC DOCUMENTS

CONCERNANT

LA DOUBLE CONCESSION

D'UN CHEMIN DE FER D'INTÉRÊT LOCAL

DE PONT-MAUGIS A MOUZON

ET

D'UN CHEMIN DE FER D'INTÉRÊT GÉNÉRAL

DE LÉROUVILLE A LA L'GNE DES ARDENNES, PRÈS SEDAN

PAR PONT-MAUGIS ET MOUZON

PARIS

IMPRIMERIE CENTRALE DES CHEMINS DE FER

A. CHAIX ET Cie

RUE BERGÈRE, 20, PRÈS DU BOULEVARD MONTMARTRE

1873

MÉMOIRE

CONCERNANT

LA DOUBLE CONCESSION

D'UN CHEMIN DE FER D'INTÉRÊT LOCAL

De Pont-Maugis à Mouzon

ET

D'UN CHEMIN DE FER D'INTÉRÊT GÉNÉRAL

DE LÉROUVILLE A LA LIGNE DES ARDENNES, PRÈS SEDAN

Par Pont-Maugis et Mouzon

En 1865, le Département des Ardennes était administré par un Préfet qui ne manquait pas d'initiative. Ce haut fonctionnaire était suivi par un Conseil général dévoué et servi par des Agents intelligents. Dans ces conditions il voulut doter son Département de chemins de fer d'intérêt local.

Aussitôt donc que fut promulguée la loi du 12 juillet 1865, qui constitue comme la charte de cette catégorie de chemins de fer, il fit étudier cinq embranchements sur les artères principales qui desservent les Ardennes, savoir :

1° D'Amagne à Vouziers ;

2° Du Pont-Maugis à Raucourt et à Mouzon ;

3° De Carignan à Messempré ;

4° De Donchery à Vrigne-aux-Bois ;

Et 5° de la station de Monthermé à Monthermé.

La dépense de construction de ces cinq embranchements fut présumée devoir s'élever à 4,200,000 francs.

Pour y faire face, on demanda et on obtint le concours des communes intéressées pour....................·................ ....Fr.   800.000

On fit un emprunt de..... ....   1.531.000

On résolut de prélever sur les fonds libres du département jusqu'à concurrence de...................Fr.   469.000

Et on sollicita du Trésor public, par application de l'article 5 de la loi du 12 juillet 1865, une subvention de Fr.   1.400.000

Total égal. Fr.   4.200.000

L'entreprise étant ainsi préparée et organisée, on se pourvut auprès du Gouvernement pour obtenir la déclaration d'utilité publique que la loi lui réserve ;

Et on réussit.

Après l'accomplissement des formalités légales et l'assentiment des services publics intéressés, un Décret impérial du 9 novembre 1867, rendu en conseil d'État,

A déclaré d'utilité publique l'établissement des cinq embranchements ci-dessus dénommés,

A autorisé le département des Ardennes à pourvoir à leur exécution comme chemins de fer d'intérêt local, suivant les dispositions de la loi du 12 juillet 1865 ;

A alloué sur les fonds du Trésor, par application de l'article 5 de ladite loi, une subvention de 1,400,000 francs ;

Et à stipulé en faveur du Trésor public une part proportionnelle à sa commandite dans le bénéfice à provenir éventuellement de l'entreprise.

(Voir Bulletin des Lois n° 1555.)

En conséquence de ce décret, le département des Ardennes a organisé une administration spéciale, à laquelle il a donné la dénomination « d'Administration des chemins de fer départementaux des Ardennes. »

Il a établi le siégé de cette administration non loin de la Préfecture, rue de la Préfecture, n° 7 ;

Et il en a confié la direction à M. Mialaret, ingénieur civil, qui remplissait déjà les fonctions d'agent voyer en chef du département, et avait préparé le projet dont l'exécution lui a été ainsi confiée, en vertu d'un arrêté préfectoral qui fut soumis à l'approbation du Conseil Général des Ardennes à cause de la situation toute exceptionnelle qu'il lui créait dans l'administration départementale.

(Voir session de 1868. — Séance du 28 août.)

Parmi ces lignes locales, il en est une que le cahier des charges annexé au décret du 9 novembre 1867 définit ainsi :

« Cette ligne se détachera de celle de Sedan à Thionville à la
» station du Pont-Maugis, passera par ou près Remilly, Villers devant
» Mouzon, Autrecourt, pour aboutir au faubourg de la ville de
» Mouzon. — De Remilly se détachera un embranchement qui remon-
» tera la vallée d'Ennemane par ou près Angecourt et Harancourt
» jusqu'aux abords de Raucourt. »

Cette ligne présente un développement de 11 kilomètres environ, parallèle à la rive gauche de la Meuse, depuis la station du Pont-Maugis jusqu'au faubourg de Mouzon. L'embranchement de Remilly à Raucourt présente un autre développement de 6 kilomètres environ, à peu près perpendiculaire à la Meuse.

C'est cette ligne qui constitue le corps du litige pendant entre l'Administration des chemins de fer départementaux des Ardennes et les concessionnaires du chemin de fer d'intérêt général de Lérouville à la ligne des Ardennes, près Sedan.

Disons donc çe qu'est cette ligne :

Contemporairement aux faits qui viennent d'être exposés, le Gouvernement était saisi d'une demande en concession d'une grande ligne d'intérêt général qui avait pour objet de relier les deux vallées de la Meuse, en France, et de l'Ourthe, en Belgique.

Ce chemin s'embranchait à Lérouville sur la ligne de Paris à Strasbourg, suivait la rive gauche de la Meuse jusqu'à Dun, en se soudant dans la gare même de Verdun à la ligne de Reims à Metz, passait la Meuse à Dun, et, delà, se dirigeait par Milly, Lion, Mouzay, Stenay, Nepvant, Olizy et Sailly, sur Carignan, où il passait la Chiers. De Carignan, il gagnait la frontière à Messencourt, et passait en Belgique, où il se prolongeait jusqu'à Libramont, mettant ainsi en communication directe les bassins houillers de Liége et de Charleroy avec les grandes artères des Ardennes, de Reims à Metz, et de Paris à Strasbourg, auxquelles il se soudait.

Le projet ainsi présenté aux enquêtes vint échouer devant l'opposition militaire et, tout à la fois, l'opposition civile.

Le Génie, gardien des intérêts de la Défense nationale, ne voulut point d'un chemin de fer courant parallèlement à la rive droite du fleuve, attaquable par les hauteurs qui devaient le flanquer continuellement vers l'Est, difficile à protéger, et menaçant par conséquent pour la défense de la vallée de la Meuse.

Hélas ! en relisant aujourd'hui les procès-verbaux de ces enquêtes, on dirait que dans cette circonstance le Génie militaire a été comme doué d'une seconde vue.

Les intérêts civils ne voulurent point non plus d'un chemin qui détournait de Sedan le trafic avec la Belgique par Bouillon, et devait grever les houilles nécessaires à l'industrie de cette ville d'un supplément de parcours important.

Toutefois l'excitation produite par les enquêtes ne permettait pas d'abandonner un projet de chemin de fer dont la direction seule était repoussée, mais dont le principe avait été accueilli avec enthousiasme par les populations intéressées, dont la haute utilité publique avait été unanimement acclamée, dont l'exécution rapide était incessamment réclamée et à laquelle le concours moral et matériel des deux départements qu'il devait traverser, les Ardennes et la Meuse, avait été donné plein et entier.

En effet, dans sa séance du 21 août 1865, le conseil Général des Ardennes émettait le vœu ; *Que le chemin de fer de d'Ourthe et Meuse à Lérouville en projet, soit concédé et exécuté le plus tôt possible et qu'il passe par la ville de Mouzon.*

Dans sa séance du 27 août 1866, il renouvelait son vœu de l'année précédente en ajoutant: *Que le chemin de fer soit établi dans la vallée de Meuse jusqu'à Sedan.*

Enfin, dans sa séance du 26 août 1867, il affirmait ses vœux précédents et ajoutait: *Qu'un chemin de fer soit établi de Sedan à Lérouville et qu'il soit classé dans le quatrième réseau.* LE DÉPARTEMENT DES ARDENNES POURRAIT Y CONCOURIR SOIT EN CONCÉDANT SON CHEMIN DE FER D'INTÉRÊT LOCAL DE PONT-MAUGIS A MOUZON S'IL EST EXÉCUTÉ, SOIT EN Y AFFECTANT LES RESSOURCES DESTINÉES A CE CHEMIN SI ELLES N'ÉTAIENT PAS ENCORE EMPLOYÉES.

Quant au département de la Meuse, il a carrément voté une subvention d'un million que le Gouvernement a acceptée.

On donna satisfaction à tous les vœux et à tous les intérêts en consacrant le principe du chemin projeté, tout en réservant sa direction définitive.

Un Décret impérial du 19 juin 1868 a donc déclaré d'utilité publique

« L'établissement d'un chemin de fer de Lérouville à la ligne » des Ardennes : ledit chemin se détachant de la ligne de Paris à » Strasbourg, passant près de St-Mihiel, Dun-sur-Meuse, Stenay et » Mouzon, se rattachant dans la gare de Verdun à la ligne de Reims » à Metz, traversant la Meuse sous les feux de la place de Sedan, et

» allant se raccorder sur le chemin des Ardennes en un point à
» déterminer entre Sedan et Bazeilles. »

Et le Décret ajoute :

« Un décret rendu en Conseil d'Etat statuera sur le tracé définitif
» de ce chemin. »

(Voir *Bulletin des Lois*, n° 1628.)

En même temps qu'il en déclarait l'utilité publique, le Gouvernement proposait au Corps législatif d'assurer l'exécution de cette
grande ligne d'intérêt général en lui appliquant le système des lois
des 11 juin 1842 et 19 juillet 1845, et pour justifier cette mesure il
disait dans l'exposé des motifs du Projet de loi :

« Le grand intérêt commercial de cette artère longitudinale du
» Nord au Midi n'a pas besoin d'être démontrée.

» Elle fait disparaître la dernière lacune existant dans la grande
» artère qui relie, par l'Est de la France, la mer du Nord et la Médi-
» terranée, Dunkerque et Marseille.

« Elle met en communication ce dernier port et tout le Midi avec
» la Belgique.

« Elle relie également, par la voie la plus courte, Dunkerque et le
» Nord avec Mulhouse et le Haut-Rhin, et en outre avec Bâle et la
» Suisse, par la ligne de Neufchâteau à Épinal, qui lui fait suite, et
» celle de Remiremont à Colmar et à Mulhouse, que construit la
» compagnie de l'Est.

. . . .

» Elle a un intérêt militaire très-sérieux, en ce qu'elle rappro-
» chera sensiblement du centre et du midi de la France les places
» fortes de la Meuse.

» Elle reliera aussi entre elles un grand nombre de places fortes
» de la frontière de la Meuse d'une manière d'autant plus favorable
» à la défense, qu'elle est placée en arrière du chemin de fer de
» Mézières à Thionville et à Forbach, qui déjà longe cette frontière,
» et qu'elle le suppléerait s'il venait à être détruit.

. . . .

» Elle permet aux bassins métallurgiques des Ardennes, de la
» Meuse et de la Haute-Marne, de s'approvisionner, par Namur et
» Sedan, des houilles provenant du bassin de Liége, qui sont si jus-
» tement recherchées par les forges.

» Elle facilite la rencontre des charbons de Liége, de Charleroi et
» du Nord dans les bassins métallurgiques des départements ci-des-
» sus nommés.

» Elle permet aux départements auxquels elle apporte la houille
» belge de renvoyer en Belgique, par cette voie plus courte, leurs
» minerais, les magnifiques pierres des carrières de la Meuse, des
» bois, des vins, des céréales, des huiles, des fourrages, tous les
» produits enfin de la riche et fertile vallée de la Meuse, des pla-
» teaux et des plaines qui l'environnent.

. . . .

» Ce chemin a reçu dans les enquêtes auxquelles il a donné lieu
» l'accueil le plus sympathique. Un grand nombre de communes plus
» ou moins éloignées, et qui n'avaient pas été consultées, ont adressé
» spontanément des vœux pour sa prompte exécution.

» Les Conseils généraux et municipaux, les Chambres de com-
» merce, les Commissions d'enquête, les Préfets ont demandé avec
» instance l'établissement de cette ligne.

. . . .

» L'instruction ne fournit pas sur les produits d'évaluation qui
» mérite d'être citée. La houille, qui jouera, suivant toute apparence,
» un rôle important dans ces produits, ne circule pas sur les voies
» dont le trafic aurait pu servir d'élément aux appréciations. Mais
» le grand intérêt que présente cette ligne nouvelle, tant au point
» de vue des communications générales qu'au point de vue du
» trafic local, ne permet pas de douter que les produits n'aient assez
» promptement une certaine importance. »

Ainsi s'exprime l'exposé des motifs du projet de loi.

(Voir le n° 95 du Corps législatif, session de 1868.)

Les rapporteurs des Commissions nommées par le Corps législatif
et le Sénat ne firent qu'accentuer encore davantage toute l'importance et toute l'utilité de cette grande artère.

Les débats parlementaires furent unanimes en sa faveur.

(Voir le *Moniteur Universel* des 20, 21 juin et 15 juillet 1868.)

Et quand on se reporte aujourd'hui aux documents et aux
appréciations d'alors, on a peine à comprendre que cette grande
ligne de Lérouville à la ligne des Ardennes, près Sedan, qui se
développe le long de la rive gauche de la Meuse sur 145 kilomètres

de longueur, qui, par suite des événements, est devenue ligne frontière d'un intérêt stratégique immense et de tout premier ordre, dont 54 kilomètres doivent être cette année même livrés à l'exploitation, et qui doit, suivant toutes les prévisions être achevée l'année prochaine, ne soit pas même nommée, ni dans l'exposé des motifs du projet de loi présenté par le Gouvernement pour la reconstitution du réseau de l'Est, ni dans le rapport de la Commission spéciale nommée par l'Assemblée nationale pour l'examiner.

Appuyé par de telles raisons et une telle unanimité de concours, le projet de loi présenté par le Gouvernement reçut l'accueil qu'il méritait.

Une loi du 18 juillet 1868 a autorisé le Ministre des Travaux publics à entreprendre, dans les limites fixées par les lois des 11 juin 1842 et 19 juillet 1845, les travaux de la ligne de Lérouville à Sedan, sur la ligne des Ardennes, et à s'engager, au nom de l'État, à allouer en vue de l'exécution de ce chemin, une subvention maximum de 13,500,000 francs.

(Voir *Bulletin des Lois* n° 1612.)

Dans ces conditions et suivant les principes de l'Administration publique, la ligne fut d'abord offerte à la Compagnie des chemins de fer de l'Est, dans le réseau de laquelle elle se trouve comme intercalée.

Habituée à ne construire et n'exploiter que des lignes couvertes par le Trésor public d'un minimum de revenu, la Compagnie des chemins de fer de l'Est refusa naturellement l'offre qui lui fut faite, malgré les 13,500,000 francs qui l'accompagnaient, et c'est aujourd'hui pour beaucoup de bons esprits une question de savoir si alors et sur ce point la Compagnie des chemins de fer de l'Est n'a pas manqué de perspicacité.

En conséquence de ce refus et de ces dispositions législatives, un Décret impérial du 7 avril 1869 ordonna la mise en adjudication du chemin de fer de Lérouville à la ligne des Ardennes, près Sedan, d'après les clauses et conditions d'un cahier des charges y annexé.

(Voir *Bulletin des Lois,* n° 1700.)

Avec de tels précédents, après tant de soins apportés par le Gouvernement à établir et faire valoir ainsi la haute importance du chemin à adjuger, on comprend que les concurrents ne firent pas défaut. Ils se présentèrent en foule devant une Commission spécialement formée pour examiner leurs aptitudes, leurs précédents, les garanties d'exécution qu'ils présentaient tant au point de vue technique qu'au point de vue financier.

De cette sélection préalable, appuyée d'ailleurs sur le dépôt d'un cautionnement de 650,000 francs, il sortit six concurrents parmi lesquels MM. A. Lebon et Otlet, qui furent déclarés adjudicataires avec une subvention de 8,445,000 francs, c'est-à-dire de 5,055,000 inférieure au maximum fixé par la Loi et offert à la Compagnie des chemins de fer de l'Est.

Et, en conséquence, un Décret impérial du 21 août 1869 a déclaré MM. A. Lebon et Otlet définitivement concessionnaires du chemin de fer de Lérouville à la ligne des Ardennes, près Sedan.

(Voir *Bulletin des Lois,* n° 1743.)

Tel est l'historique de la grande ligne de Sedan à Lérouville.

Vingt jours s'étaient à peine écoulés depuis la promulgation du Décret impérial du 21 août 1869, déclarant MM. A. Lebon et Otlet Concessionnaires définitifs du chemin de fer d'intérêt général de Lérouville à la ligne des Ardennes, près Sedan, que l'Administration des Chemins de fer départementaux des Ardennes, conformément aux vœux constamment émis et aux délibérations prises par le Conseil général du département, leur proposait d'absorber dans leur ligne le chemin de fer d'intérêt local du Pont-Maugis à Raucourt et à Mouzon.

Le Directeur, M. Mialaret, était placé mieux que personne pour apprécier la situation.

Il savait, d'après les enquêtes d'utilité publique, dont aucun détail n'avait dû lui échapper, que ni l'intérêt civil, ni l'intérêt militaire ne laisseraient jamais établir la ligne de Lérouville à Sedan, en aucun point de son parcours sur la rive droite de la Meuse.

Il savait également que sur la rive gauche du fleuve, il n'y a que tout juste la place d'une plate-forme de chemin de fer entre l'eau et les reliefs du sol qui la bordent.

Il comprenait encore que deux chemins parallèles ne pouvaient trouver à vivre, peut-être même ses recherches sur les produits probables de l'exploitation du chemin de fer d'intérêt local de Pont-Maugis à Mouzon et à Raucourt l'avaient-elles conduit à craindre qu'ils ne fussent pas suffisants pour rémunérer les capitaux engagés, ni même pour couvrir les frais d'exploitation.

Il connaissait enfin les vœux et les délibérations de 1865, 1866, et 1867, et savait la pensée intime du Conseil général et du Préfet des Ardennes.

Il vint donc proposer aux Concessionnaires de l'État de combiner le tracé des deux chemins, de façon à ce qu'ils se confondissent en un seul, entre Pont-Maugis, Remilly et Mouzon (soit environ 12 kilomètres de développement de la grande ligne), et dans le cas où ils accepteraient cette combinaison, il leur offrait :

1° De leur livrer complétement établie aux frais de son Administration la plate-forme de la voie et des stations, depuis Mouzon jusqu'à Remilly (environ 9 kil. 1/2), de telle sorte qu'ils n'eussent sur ce parcours qu'à construire la voie et les stations ;

2° De leur livrer complétement terminée, aux frais de son Administration également, la section de la grande ligne comprise entre Remilly et Pont-Maugis (environ 2 kil. 1/2), sauf seulement les aménagements de la gare d'attache à Pont-Maugis, et enfin l'embranchement de Remilly à Raucourt (environ 6 kil.) ;

Le tout sous la seule condition de prendre en charge l'exploitation de ce dernier embranchement, devenu le seul reste du chemin de fer d'intérêt local de Pont-Maugis à Raucourt et à Mouzon.

(Voir Annexe I.)

Au moment où cette proposition leur fut faite, les études de la grande ligne étaient assez avancées pour qu'il fût démontré à l'évidence — que tout tracé par la rive droite de la Meuse étant défendu par des considérations de la plus haute valeur et des motifs péremptoires, il n'existait sur la rive gauche aucun autre point d'attache sur la ligne des Ardennes que Pont-Maugis ; — d'autre part, si la proposition comportait un aléa par l'obligation de prendre en charge l'infructueuse exploitation d'un embranchement de 6 kilomètres, dépourvu de trafic, elle comportait en revanche des avantages sérieux comme construction, bien qu'elle ne fût pas la réalisation complète du concours offert par la délibération du Conseil général des Ardennes du 26 août 1867 ; elle fut donc acceptée dans son ensemble, et pour cimenter l'alliance de l'Administration des Chemins de fer départementaux des Ardennes et des concessionnaires, ceux-ci accréditèrent leur Ingénieur auprès de M. Mialaret.

Et à partir de ce moment, il s'est établi une collaboration qui a constamment vécu dans le plus parfait accord, et n'a pour ainsi dire jamais cessé depuis.

(Voir Annexe II.)

Trois mois après ces accords préliminaires, au mois de janvier 1870, l'Administration des Chemins de fer départementaux des Ardennes se préparait à exproprier les terrains nécessaires à l'établissement de la section de Pont-Maugis à Remilly, qui devait faire retour à la grande ligne, comme on vient de le voir.

Elle s'adresse de nouveau aux Concessionnaires et leur demande s'il ne leur conviendrait pas qu'elle expropriât d'un seul coup la zone nécessaire à l'établissement ultérieur de la seconde voie, en vue de rentrer dans les conditions de leur cahier des charges, et de leur permettre de reprendre ses travaux, sans être obligés à des élargissements onéreux.

Et dans le cas où ils agréeraient son concours dans cette circonstance, elle réclame d'eux l'engagement de racheter les travaux qui vont être faits entre Pont-Maugis et Remilly, en remboursant au Département les dépenses qu'il aura faites et qu'ils pourront utiliser, sauf le cas, bien entendu, où l'Administration supérieure les obligerait à suivre un tracé différent de celui de la ligne départementale.

(Voir Annexe III.)

Cette seconde proposition était un retour considérable sur les accords établis par la correspondance précédemment échangée. Il ne s'agissait plus d'une rétrocession de la ligne de Pont-Maugis à Remilly, contre la prise en charge de l'exploitation de l'embranchement de Remilly à Raucourt ; mais bien d'un remboursement au département des dépenses utiles qu'il aurait faites sur cette partie de la grande ligne.

On était déjà bien loin de l'offre de concours généreusement faite par le Conseil général en 1867. Les Concessionnaires ont pensé qu'ils n'étaient pas fondés à en réclamer la réalisation. Ils voulurent même bien admettre que M. Mialaret s'était trop avancé dans sa proposition du 6 octobre 1869 ; et, pour toutes sortes de raisons inutiles à reproduire, ils souscrivirent au contrat qui leur était présenté, dans la forme même qui leur était proposée.

Et l'emprise, pour la seconde voie, a été expropriée. Acquise pour le compte des Concessionnaires de l'État, elle leur appartient ; et, si on a pu l'oublier, il est bon de le rappeler ici.

(Voir Annexe IV.)

L'accord le plus complet étant établi sur tous les points avec l'Administration des chemins de fer départementaux des Ardennes, relativement à l'absorption par la grande ligne de Lérouville à Sedan du chemin local de Mouzon à Pont-Maugis, et à la prise en charge de l'exploitation de l'embranchement de Remilly à Raucourt, les Concessionnaires adressèrent à Son Exc. M. le Ministre des Travaux Publics, le 18 février 1870, le projet définitif du tracé et des terrassements de leur ligne pour être approuvé par Elle après l'instruction et l'examen d'usage.

Quelle ne fut pas leur surprise en assistant aux conférences ouvertes à ce sujet avec les représentants de la Compagnie des chemins de fer de l'Est, d'entendre ceux-ci revendiquer pour leur Compagnie le droit d'exploiter pendant douze années consécutives, sur facture et aux risques et périls des Concessionnaires, substitués au département des Ardennes, la tête de leur ligne d'intérêt général substitué depuis Pont-Maugis jusqu'à Mouzon au chemin d'intérêt local.

Recherche faite, il résulte en effet d'une convention annexée au décret du 9 novembre 1867 que la Compagnie des chemins de fer de l'Est est chargée pendant 12 années consécutives de l'exploitation sur facture et aux risques et périls du Département de tous les chemins de fer départementaux des Ardennes.

(Voir annexe V.)

Il est vrai que dans ces conférences on avait toujours pu prévoir la conciliation des intérêts, en présence : Dans celle du 13 juillet 1871 notamment M. le Directeur de la construction des chemins de fer de l'Est avait déclaré au nom de sa Compagnie *qu'elle était prête à s'entendre avec le département des Ardennes non-seulement sur la question de raccordement à Pont-Maugis, mais encore sur toutes les questions qui sont la conséquence du traité d'exploitation.*

Monsieur Mialaret avait sans doute pensé que cette question devait être et pouvait être facilement traitée et résolue par le département des Ardennes, eu égard à ces rapports multiples et constants avec la Compagnie de l'Est et que les concessionnaires n'avaient nullement à s'en préoccuper : autrement il aurait manqué à un devoir étroit en ne leur faisant pas connaître la situation toute spéciale des chemins de fer départementaux des Ardennes vis-à-vis des chemins de fer de l'Est.

Au lieu de faire la lumière sur ce point capital, au contraire il aurait fait l'ombre, car l'une des conditions qu'il pose dans sa correspondance et dans les accords qui en sont résultés est précisément la prise en charge de l'exploitation de l'embranchement de Remilly à Raucourt, présumée onéreuse.

Pour s'éclairer, les Concessionnaires de Lérouville à Sedan se sont adressés directement à M. le Préfet des Ardennes, afin d'obtenir de lui au moins une explication satisfaisante, sinon un apaisement nécessaire.

(Voir Annexe VI.)

Ce n'est pas M. le Préfet qui donna l'explication demandée et attendue, ce fut le Conseil général des Ardennes, réuni quelques jour plus tard.

Dans la séance du 28 octobre, le rapporteur de la Commission des routes exposa :

« Que la Compagnie des chemins de fer de l'Est tient si peu à
» exploiter ces chemins, que l'article 11 restreint le traité à l'un ou
» à l'autre d'entre eux, si tous ne sont pas construits immédiatement;

» Que le département ne s'oblige pas, vis-à-vis de la Compagnie,
» à les construire;

» Que la Compagnie de l'Est n'a aucune raison de tenir à cette
» exploitation;

» Qu'elle n'est pas fermière;

» Qu'elle a simplement loué des choses et des hommes au département
» à titre de service, et en protestant contre toute idée de bénéfice. »

Puis après avoir ainsi réduit la valeur du droit et de l'intérêt
de la Compagnie de l'Est à exploiter les chemins départementaux
des Ardennes ;

Il démontre l'intérêt du département à ne pas faire le chemin
de Pont-Maugis à Mouzon, doublure de celui de Lérouville à Sedan ;

Et il conclut à la cession par le département, aux Concessionnaires
de la grande ligne, de ses droits sur la petite ligne, moyennant le
remboursement des travaux faits.

A la suite de ce rapport, le Conseil général décide que M. le
Préfet et la Commission départementale, et en cas d'urgence
M. le Préfet seul, sont autorisés à traiter avec la Compagnie de
Lérouville, sur les bases développées dans le rapport et supplie le
Gouvernement de se désintéresser comme le département lui-même,
du chemin de fer d'intérêt local de Pont-Maugis à Raucourt et à Mou-
zon, absorbé par le chemin de fer d'intérêt général de Lérouville
à la ligne des Ardennes, près Sedan.

(Voir Annexe VII.)

Cependant l'instruction relative au projet définitif suivait son
cours et à son tour M. le préfet des Ardennes était appelé à
émettre son avis. Il en prévint les concessionnaires, et en leur
annonçant qu'il était autorisé à traiter avec eux sur les bases qu'on
vient de rappeler, il les invitait à les accepter et à se mettre en
rapport pour le traité de cession à intervenir avec M. Mialaret.

En même temps, il subordonnerait son avis sur le projet défi-
finitif à l'acceptation des conditions posées à la cession par le
Conseil général.

(Voir Annexe. VIII.)

C'était tout confondre et tout intervertir. Les concessionnaires re-
fusèrent de souscrire aux conditions posées, et prièrent M. le préfet
de ne point subordonner son avis à ce refus. Ils rappelèrent les faits.
C'est le département des Ardennes qui les avait amenés dans la voie
qu'ils avaient suivie, à des conditions qu'ils avaient acceptées sans
débat, c'est encore lui qui leur avait laissé ignorer le traité d'exploitation avec l'Est, auquel ils ne pouvaient vraiment souscrire et

auquel vraisemblablement l'État ne les laisserait pas souscrire. En tout cas ils l'invitèrent à laisser l'instruction suivre son cours et à ne pas retarder par son fait la décision à intervenir.

(Voir Annexe IX.)

M. le Préfet des Ardennes apprécia les observations des Concessionnaires comme elles devaient l'être. En leur expliquant la portée de la délibération du Conseil général et la situation de la Compagnie de l'Est, vis-à-vis du département, il leur assura « que
» le Conseil général et lui-même n'avaient d'autre but que de dégager
» leur responsabilité dans le résultat final, mais qu'au contraire ils
» étaient tout prêts à appuyer tant auprès du Gouvernement qu'au-
» près de la Compagnie de l'Est, l'abrogation du décret et de la
» convention y annexée et qu'il avait au surplus exprimé cet avis dans
» l'instruction du projet définitif que la solution la plus convenable
» consistait dans l'absorption de la concession départementale de
» Pont-Maugis à Raucourt et à Mouzon par celle de Lérouville à la
» ligne des Ardennes, près Sedan. »

(Voir Annexe X.)

Et en effet, dans une lettre qu'il avait adressée à Son Excellence M. le Ministre des Travaux publics, en lui renvoyant avec son avis favorable le dossier du projet définitif du tracé et des terrassements du chemin de fer d'intérêt général de Lérouville à la ligne des Ardennes, près Sedan, dans la partie située dans son département, M. le Préfet des Ardennes avait fait remarquer à Son Excellence :

« Que le tracé indiqué par les concessionnaires se confondait avec
» celui du chemin de fer d'intérêt local de Pont-Maugis à Mouzon, ce
» qui était convenu, que le Conseil général des Ardennes avait déclaré
» renoncer à la concession de ce dernier chemin et qu'il l'avait
» autorisé à traiter avec les concessionnaires de Sedan à Lérouville
» pour sa reprise ;

» Que les ·travaux du chemin local étaient exécutés entre
» Pont-Maugis et Remilly et qu'ils satisfaisaient à toutes les clauses
» du cahier des charges de la grande ligne si ce n'est que les rails
» ne pesaient que 30 kilogrammes par mètre courant.

Et il terminait sa dépêche en demandant « que les concession-

» naire de Sedan à Lérouville soient autorisés à utiliser la voie ainsi
» constituée, cette autorisation étant une des conditions du rachat de
» la ligne locale par la grande ligne.

(Voir Annexe XVII.)

Dans sa dépêche aux Concessionnaires comme dans sa lettre au
Ministre, M. le Préfet ne se prononçait pas sur la question capitale,
l'exploitation par l'Est. Mais il était pressant et sa première dépêche
aux Concessionnaires étant restée sans réponse, il la leur rappela en
exprimant son vif désir de terminer l'affaire dans le sens indiqué
par le Conseil général (29 février 1872).

(Voir Annexe XI.)

Les concessionnaires se refusent à aller plus loin avant la décision
de l'Administration supérieure devant laquelle ils ont porté la difficulté (5 mars 1872).

(Voir annexe XII.)

M. le Préfet les prie de lui faire connaître s'ils pensent être
bientôt en mesure de conclure, en exprimant de nouveau son désir
d'en finir à la prochaine session du Conseil général (21 juin 1872).

(Voir annexe XIII.)

Les Concessionnaires s'empressent de lui annoncer que le projet
définitif venant d'être approuvé, rien ne s'oppose plus à la conclusion des arrangements élaborés depuis trois années, d'accord avec le
département des Ardennes (25 juin 1872).

(Voir Annexe XIV.)

En effet, un Décret Présidentiel, rendu en conseil d'État à la date
du 17 juin 1872, avait statué souverainement, comme le voulait le
Décret Impérial du 18 juin 1868, sur la direction définitive du che-

3

min de fer depuis Lérouville jusqu'à la ligne des Ardennes, près Sedan.

La soudure a lieu à Pont-Maugis et le chemin de fer d'intérêt local est absorbé depuis Pont-Maugis jusqu'à Mouzon.

(Voir Annexe XV.)

A l'appui de ce décret, une Décision Ministérielle rendue en Conseil général des Ponts et Chaussées le 26 juin 1872, est venue élucider et trancher toutes les questions de détail, concernant l'exécution du chemin.

En ce qui touche le chemin de fer d'intérêt local de Pont-Maugis à Mouzon et à Raucourt, l'avis du Conseil général des ponts et chaussées porte :

« Considérant que l'exécution d'une grande ligne de Sedan à
» Lérouville, ayant pour conséquence de mettre à néant l'autorisation
» précédemment donnée au département des Ardennes de construire
» un chemin de fer d'intérêt local de Pont-Maugis à Mouzon, il s'en suit
» qu'il n'y a pas lieu de s'occuper, quant à présent, des prétentions
» de la Compagnie de l'Est à l'égard dudit chemin, prétentions qui
» paraissent mal fondées, surtout en présence de l'accord intervenu
» entre le Département et les Concessionnaires de la ligne principale
» et que la Compagnie de l'Est, au surplus, aurait à faire valoir, si
» elle le jugeait à propos, devant les tribunaux compétents.

» Est d'avis qu'il y a lieu de faire connaître à M. le Préfet des
» Ardennes :

» D'une part, que les prétentions de la Compagnie de l'Est à con-
» server, en tous cas, un droit d'exploitation sur le chemin de fer d'in-
» térêt local de Pont-Maugis à Mouzon sont rejetées par les motifs spé-
» cifiés ci-dessus;

» Et d'autre part, que la question relative aux rails de 30 kilo-
» grammes, approvisionnés en destination dudit chemin de fer,
» n'est pas susceptible de donner lieu à une difficulté sérieuse,
» M. le préfet n'ayant qu'à s'entendre directement à cet égard avec
» la Compagnie concessionnaire, qui pourra être autorisée à employer
» lesdits rails dans les gares ou autres points qui seront déterminés
» ultérieurement. »

(Voir Annexe XVI.)

Et la Décision Ministérielle porte relativement au même objet :

« Quant à ce qui concerne le chemin de fer d'intérêt local de Pont-
» Maugis à Mouzon, avec embranchement sur Raucourt, le Départe-
» ment des Ardennes paraît avoir l'intention de demander à être
» déchargé de l'engagement qu'il a pris de construire la partie dudit
» chemin comprise entre Pont-Maugis et Mouzon, dont le tracé se
» confond avec celui du chemin de fer d'intérêt général de Lérou-
» ville à la ligne des Ardennes. Une demande devra être présentée,
» à cet effet, par le Conseil général du Département, et l'affaire sera
» **régularisée** au moyen d'un Décret qui statuera sous toutes réserves
» des droits des tiers, notamment de ceux qui peuvent résulter pour
» la Compagnie des chemins de fer de l'Est, du traité qu'elle a passé
» avec le Département pour l'exploitation du chemin de fer d'intérêt
» local de Pont-Maugis à Mouzon et à Raucourt.

» Je dois ajouter, dit le Ministre, que la question relative aux rails
» de 30 kilogrammes, approvisionnés en destination du chemin de
» fer d'intérêt local de Pont-Maugis à Mouzon, n'étant pas susceptible
» de donner lieu à une difficulté sérieuse, vous n'aurez, Monsieur
» le Préfet, qu'à vous entendre directement à cet égard avec la
« Compagnie concessionnaire du chemin de fer de Lérouville à Sedan,
« qui pourra être autorisée à employer lesdits rails dans les gares
» ou autres points qui seront déterminés ultérieurement. »

(Voir Annexe XVII.)

Les pouvoirs publics, dans leur expression la plus élevée, ayant
ainsi souverainement et définitivement statué sur toutes les questions
qui leur avaient été soumises, tant par le Département des Ardennes
que par les Concessionnaires du chemin de fer de Lérouville à
Sedan, il ne s'agissait plus que de donner à leurs décisions la suite
qu'elles comportaient. En conséquence, les Concessionnaires prièrent
M. le Préfet des Ardennes de vouloir bien se pourvoir le plus tôt
possible, auprès de M. le Ministre des Travaux publics, et conformément aux indications de la Décision Ministérielle du 26 juin 1872,
afin de faire décharger son Département de l'obligation de pourvoir
à l'exécution du chemin de fer de Pont-Maugis à Mouzon, auquel vient se substituer le chemin de fer d'intérêt général de Sedan
à Lérouville. En même temps, ils se mirent à sa disposition pour
arrêter le compte des dépenses faites par le Département, tant pour
son compte que pour le leur, sur la dite ligne.

Et pour arriver à une solution prompte et satisfaisante ils lui proposèrent de désigner soit M. l'Ingénieur en chef chargé par l'État du contrôle des travaux de la ligne de Sedan à Lerouville, soit M. l'Ingénieur en chef du service ordinaire du département des Ardennes, pour trancher souverainement tous les désaccords qui pourraient s'élever à l'occasion de ce compte entre M. Mialaret, le Directeur des chemins de fer départementaux des Ardennes et l'Ingénieur, Directeur des travaux de la ligne de Sedan à Lerouville.

(Voir annexe XVIII.)

Cette lettre qui proposait le règlement de la seule question désormais pendante après toutes les résolutions précédemment prises, est restée sans réponse jusqu'à la réunion du Conseil général des Ardennes à laquelle se rendirent les Concessionnaires.

Là on leur exposa qu'il était bien difficile de séparer l'embranchement de Raucourt, de la ligne principale de Pont-Maugis à Mouzon, et que s'ils voulaient en prendre l'exploitation onereuse à leur charge, on le leur livrerait achevé, sans qu'ils eussent rien à rembourser de ce chef au département.

C'était vrai; cela l'est encore, et quoiqu'il y eût un sacrifice à faire, les Concessionnaires acceptèrent de joindre l'embranchement de Raucourt à la grande ligne de Lerouville à Sedan, mais cependant à la condition que le département joindrait ses instances aux leurs, pour obtenir que la Compagnie de l'Est renonçât gracieusement à son droit d'exploiter aux risques et périls du Département.

(Voir annexe XIX.)

L'affaire étant ainsi préparée entre la Commission des routes, M. le Préfet et les concessionnaires, vint à la séance du 22 août.

Le rapporteur l'exposa en insistant comme il l'avait déjà fait à la session de 1872, sur le peu de valeur que pouvaient avoir les droits de la Compagnie de l'Est et le grand avantage que présentait pour le département l'absorption du chemin local par la ligne d'intérêt général.

« Il faut remarquer surtout, » dit-il « les articles 3 et 11 de notre
» convention avec l'Est. La Compagnie déclare à plusieurs reprises
» qu'elle n'entend faire aucun bénéfice, qu'elle exploite pour nous,
» à nos profits et risques; elle n'entend être remboursée que de ses

» dépenses ; enfin il nous est permis de retarder à volonté l'exécu-
» tion de l'un ou de l'autre de ces chemins, ce qui montre encore
» combien la Compagnie est peu empressée de les exploiter. Elle a
» entendu vous être utile....

» Selon nous, le texte et l'esprit de notre traité avec la Compagnie
» de l'Est constatent un service que cette Compagnie rend au dépar-
» tement, mais avec exclusion pour celle-ci de toute idée de risque...

» Le Ministère paraît disposé à s'entendre avec la Compagnie de
» l'Est pour l'abrogation entière du décret de 1867 en ce qui la con-
» cerne relativement au Pont-Maugis-Mouzon-Raucourt.

» Dans la réunion par le département à la ligne de Lérouville de
» l'embranchement de Pont-Maugis à Mouzon et à Raucourt, les com-
» munes restent complétement désintéressées ; elles ne sont tenues
» que vis-à-vis du département. Les concessionnaires offrent de re-
» prendre nos droits sur le Pont-Maugis-Remilly-Mouzon, et même
» sur l'embranchement de Raucourt, bien entendu en payant les
» sommes dépensées sur la ligne de Pont-Maugis à Remilly et à Mou-
» zon. Le Gouvernement, s'exonérant du concours qu'il devait à notre
» chemin, a sans doute présumé que le département trouverait ses
» intérêts satisfaits par l'exécution de la ligne. »

(Voir annexe XX).

Le Conseil général voulut assurer en tout cas la conclusion définitive de cette affaire déjà vieille de quatre années. Pour prévoir
tous les cas, y compris celui de la résistance de la Compagnie de
l'Est a renoncer gracieusement à ses droits, il demanda aux Concessionnaires de laisser inscrire dans la décision à prendre, la prise à
leur charge de la responsabilité des engagements pris vis-à-vis de la
Compagnie de l'Est par le Département.

Les Concessionnaires acceptèrent la rédaction de la délibération
arrêtée ainsi d'accord. Et le Conseil général a voté à l'unanimité la
délibération ainsi formulée.

(Voir annexe XXI.)

Aussitôt après le vote du Conseil général, M. le Préfet des Ardennes a transmis au Ministre des Travaux publics une ampliation
de la Délibération, suivant les indications contenues dans la Décision
Ministérielle du 26 juin 1872, comme devant servir de base à
l'abrogation à intervenir, du Décret du 9 novembre 1867.

(Voir annexe XXII.)

Il la transmit également aux Concessionnaires, en acquiesçant aux propositions qu'ils lui avaient faites concernant le règlement définitif des détails de l'exécution des arrangements intervenus.

(*Voir annexe* XXIII.)

Et ceux-ci, insistent aussitôt auprès de M. le Ministre des Travaux Publics, pour que, suivant les promesses faites par M. le Directeur général des chemins de fer, il obtienne de la Compagnie des chemins de fer de l'Est, un désistement gracieux de ses droits, d'ailleurs bien platoniques, à l'exploitation d'une ligne désormais légalement disparue.

(*Voir annexe* XXIV.)

Toutes choses étaient du reste à ce moment. depuis le Décret Présidentiel du 12 juin et la Décision Ministérielle du 29 juin 1872, conclues, terminées et consommées à ce point dans tous les esprits loyaux et droits, que les Concessionnaires commencèrent sans retard l'exécution de la ligne de Lerouville à Sedan, dans la partie comprise entre Mouzon et Remilly, d'après les études faites par l'Administration des chemins de fer départementaux des Ardennes et dont ils soldèrent le prix entre les mains de M. Mialaret, son directeur.

(*Voir annexe* XXV.)

Cependant le temps s'écoulait et les travaux avançaient. Pour sortir de la situation expectante dans laquelle ils étaient, les Concessionnaires résolurent d'accepter l'une des trois hypothèses posées par le Département à sa renonciation absolue, savoir la prise en charge par eux vis-à-vis de lui des conséquences du décret du 9 novembre 1867 vis-à-vis de la Cie de l'Est, et en conséquence ils adressèrent à M. le Préfet des Ardennes une déclaration par laquelle ils ont accepté dans toute sa teneur la délibération prise par le Conseil général dans la séance du 24 août 1872.

(*Voir annexe* XXVI.)

A cette déclaration qui cimentait le contrat et dont la forme leur avait été indiquée par M. le Préfet lui-même, celui-ci répondit en les informant qu'il allait reprendre immédiatement les négociations entamées avec l'Etat d'une part et la Compagnie de l'Est d'autre part pour obtenir une réponse catégorique et définitive.

(Voir annexe XXVII.)

Les concessionnaires répondirent à M. le Préfet des Ardennes que leur acceptation de la délibération du Conseil général dans toute sa teneur, les substituait absolument au département dans ses obligations vis-à-vis de la Compagnie de l'Est, puisque leur substitution dans ces termes était inscrite dans la délibération du Conseil général comme l'une des conditions posées à la cession définitive des droits du Département sur le chemin de fer d'intérêt local de Pont-Maugis à Mouzon et à Raucourt ; que par conséquent ils prennent acte du fait acquis de cette cession.

Que d'ailleurs, ils allaient joindre leurs efforts aux siens auprès de M. le Ministre des Travaux publics, pour obtenir le désistement gracieux, mais désormais non nécessaire, de la Compagnie des chemins de fer de l'Est.

(Voir Annexe XXVIII.)

Et en effet, les concessionnaires adressèrent à M. le Ministre des Travaux publics, une longue lettre, dans laquelle rappelant leur précédente, vieille de six mois et restée cependant sans réponse, ils faisaient toutes les réserves nécessaires pour sauvegarder leurs droits menacés, et réclamer l'exécution des Lois, des Décrets et des Décisions qui régissent leur concession.

(Voir Annexe XXIX.)

Les Concessionnaires de l'Etat, du chemin de fer de Lérouville à la ligne des Ardennes près Sedan, étaient donc ainsi devenus les Cessionnaires du Département des Ardennes de ses droits sur le chemin de fer de Pont-Maugis à Raucourt et à Mouzon et les choses étaient dans l'état qui vient d'être exposé, lorsque le Conseil général des Ardennes fut convoqué inopinément en réunion extraordinaire pour le 20 février 1873, afin de statuer sur le projet de canalisation de la Meuse.

Bien que le Conseil général ne dût pas s'occuper de la question du chemin de fer de Pont-Maugis à Mouzon et à Raucourt pendant cette session tout exceptionnelle, cependant M. le Préfet des Ardennes crut devoir le mettre au courant de la situation dans un rapport où il dit :

« Par une délibération prise lors de votre dernière session, vous
» avez décidé que l'abrogation du décret qui concède au département
» une ligne de Pont-Maugis à Raucourt et à Mouzon serait sollicité
» du gouvernement si au préalable l'administration obtenait, soit la
» renonciation de la Compagnie de l'Est au traité d'exploitation, soit
» l'abrogation de ce traité par le gouvernement, soit enfin de la
» Compagnie de Lérouville l'engagement de garantir le Département
» contre toutes les conséquences de la non exécution du dit traité.
» Cette dernière compagnie ayant pris à cet égard un engagement
« formel, j'ai repris immédiatement les négociations que j'avais en-
» tamées en vue des deux autres hypothèses et aussitôt qu'il aura été
» définitivement constaté que ces deux hypothèses ne peuvent se
» réaliser, je solliciterai l'abrogation du Décret et je soumettrai les
» conditions de détail de la cession de la ligne, soit au Conseil gé-
» néral lui-même, soit à la commission départementale si vous l'auto-
» risez à procéder de concert avec moi à la rédaction du traité
» définitif. »

De leur côté, les Concessionnaires avaient cru devoir se rendre à Mézières pour se maintenir en rapport avec le Conseil général et Monsieur le Préfet des Ardennes.

Or, le jour même de la convocation du Conseil général, 28 février, et à leur grande surprise, Monsieur le Préfet leur communiqua la lettre suivante :

Versailles, 19 février 1873,

« Monsieur le Préfet,

« Par une dépêche du 11 février courant, j'ai eu l'honneur de vous
» faire savoir que la Compagnie des chemins de fer de l'Est persis-
» tait à réclamer l'exécution de la convention des 1-11 octobre 1866,
» qui lui assure l'exploitation du chemin de fer d'intérêt local de
» Pont-Maugis à Mouzon avec embranchement sur Raucourt.

» J'ajoutais qu'il ne me paraissait pas possible d'insister de nou-
» veau auprès de la Compagnie pour la faire revenir sur cette déter-
» mination

» Je crois devoir compléter cette communication en vous faisant
» connaître qu'en admettant même l'hypothèse où les Concessionnai-
» res du chemin de fer de Sedan à Lérouville assumeraient sur eux
» les conséquences de l'abrogation du traité passé entre le Départe-
» ment et la Compagnie de l'Est pour l'exploitation des chemins de
» fer de Pont-Maugis à Mouzon et à Raucourt, legouvernement se
refuserait absolument à l'abrogation du Décret qui approuve le traité
» du 11 octobre 1866, et n'admettrait en aucunemanière la rupture
» du dit traité par l'une des parties contractantes.

» Recevez, etc.

Le ministre des Travaux publics,
Signé: de FOURTOU.

Cette lettre, contraire aux Décisions Ministérielles prises, aux
Décrets rendus, indiquait à l'évidence l'intervention d'un intérêt
contraire à la combinaison élaborée par les Concessionnaires, le
Département des Ardennes et le Ministre lui-même, dont la religion
avait été évidemment surprise.

Il suffisait d'un peu de temps pour que toutes choses fussent remises
en place, et les Concessionnaires se bornèrent à demander, dans une
requête longuement motivée, que toute question relative à cette affaire
fût remise, suivant les indications de M. le Préfet lui-même, à la
session ordinaire d'avril.

(*Voir Annexe* XXX.)

Vains efforts. Les séances secrètes se succédèrent pendant deux
jours et décidèrent les Concessionnaires, tenus par le huis clos des
délibérations à l'écart de leurs plus chers intérêts, à rédiger une protestation qui porte la trace de la juste indignation qu'ils ont res-
sentie, à la suite du singulier traitement qui leur était infligé.

(*Voir Annexe* XXXI.)

Les bruits les plus étranges circulaient sur ce qui s'était passé
dans les séances secrètes du Conseil général et on était disposé à les
accueillir d'autant plus volontiers, qu'en matière de chemin de fer

4

surtout, chacun sait que les intérêts sérieux et loyaux n'ont jamais recours au huis clos pour assurer le maintien de leurs droits.

Il y avait d'autant plus de raisons de s'alarmer que le Ministre des travaux publics, persistant dans le système de la lettre à M. le Préfet des Ardennes, du 19 février, écrivait aux concessionnaires, le 26 février, pour les amener à faire de nouvelles propositions et perdre ainsi le fruit de trois années de travaux.

Les Concessionnaires s'y sont refusés en réclamant l'exécution pure et simple des Décrets et des Décisions qui régissent leur concession.

(Voir Annexe XXXII.)

En tout état de cause et dans l'ignorance officielle où ils étaient tenus de ce qui s'était passé dans les séances secrètes du Conseil général, ils jugèrent prudent de sommer M. Mialaret :

D'arrêter le compte des dépenses faites par son Administration des chemins de fer départementaux des Ardennes;

D'opérer entre leurs mains la remise du chemin de fer de Pont-Maugis à Mouzon et à Raucourt;

Et de leur laisser remplacer les rails, conformément aux prescriptions de la Décision Ministérielle rendue en Conseil général des ponts et chaussées, le 26 juin 1872.

(Voir Annexe XXXIII.)

Le rendez-vous était assigné à Pont-Maugis.

A tout événement, les Concessionnaires y firent approvisionner des traverses et des rails de 35 kilogrammes et s'y firent accompagner par une équipe de quatre ouvriers poseurs.

M. Mialaret ne vint pas. Mais les Concessionnaires se trouvèrent en présence de M. le sous-préfet de Sedan, à la tête d'un piquet de gendarmerie à cheval commandé par un officier.

De cette rencontre inopinée il n'est pacifiquement résulté qu'un procès-verbal, mais les Concessionnaires n'ont pas pu taire à M. le sous-préfet de Sedan la pénible impression que leur causait une démonstration si imposante de la force dans une circonstance où il ne s'agissait que de la reconnaissance ou de la contestation de leurs droits, et il l'a si bien senti qu'à l'instant même, il s'est empressé de congédier son escorte.

(Voir Annexe XXXIV.)

A ce moment les Concessionnaires avaient pu se procurer une épreuve de la délibération secrète du Conseil général des Ardennes.

Les plus mauvais bruits mis en circulation pendant et après la session, se trouvaient dépassés par la réalité.

Le Conseil général s'était exagéré la portée de la dépêche ministérielle du 19 février.

Il y avait vu la suppression du Décret du 17 juin et de Décision ministérielle du 26 juin 1872.

Il y avait vu un refus formel du Gouvernement, de se prêter en quoique ce fut, aux accords intervenus entre le département et les concessionnaires de la ligne de Sedan à Lérouville.

Il avait considéré cette dépêche comme un *fait du prince*, un obstacle irrésistible devant lequel il n'avait qu'à s'incliner.

Il avait mis sous ses pieds les requêtes et les protestations des concessionnaires comme absolument vaines.

Et il avait donné plein pouvoir à M. le Préfet pour s'entendre avec la Compagnie de l'Est qu'il appelait à lui comme le seul refuge qui lui restât et qu'il acceptait comme lui étant imposé par le Gouvernement lui-même.

C'était donc une évolution complète, de bout en bout, contre laquelle il fallait réagir sans tarder en lui opposant un intérêt respectable et avouable qui put ramener, dans leurs situations légitimes, les choses ainsi violemment bouleversées.

(Voir annexe XXXV.)

Le Conseil général du département de la Meuse, traversé du Nord au Sud sur toute sa longueur par la grande ligne de Sedan à Lérouville et qui, on s'en souvient, la subventionne d'un million, se trouvait à ce moment même réuni en session extraordinaire pour délibérer sur le projet de canalisation de la Meuse.

Les concessionnaires s'y rendirent et y portèrent la malencontreuse délibération du Conseil général des Ardennes. Le résultat de cette communication fut ce qu'il devait être.

Le Conseil général de la Meuse déclara :

« Qu'il avait entendu subventionner aussi largement qu'il le fait,
» une grande ligne d'intérêt général de Lérouville à Sedan, et non
» pas un tronçon de ligne qui vint échouer à Mouzon sur un chemin
» local, soumis à l'Administration départementale des Ardennes,
» soustrait au contrôle de l'État, régi par un cahier des charges

» local, exploité dans des conditions locales, avec des tarifs homolo-
» gués par une Administration locale.

« Qu'il y avait d'ailleurs chose jugée par le décret Présidentiel
» du 17 juin. La décision ministérielle du 26 juin, et la délibération
» même du Conseil général des Ardennes du 24 août 1872.

« Et que si les accords ainsi intervenus et consacrés entre l'État,
» le département des Ardennes et les Concessionnaires ne devaient
» pas être suivis de l'exécution prévue et due, il retirait sa subven-
» tion, parce que le but qu'il s'était proposé en la donnant, serait
» absolument manqué et que son concours serait dès lors sans raison
» d'être.

(Voir Annexe XXXVI.)

Puis les Concessionnaires revinrent à Mézières et pour établir
plus étroitement le point de départ de leurs droits et les conséquences
du dédain qu'on témoignait pour eux, ils ont assigné M. Mialaret en
référé pour obtenir du Juge la nomination d'un expert, chargé de
maintenir les choses en leur état présent, après l'avoir constaté et
jusqu'à ce que le litige pendant fût vidé par qui de droit.

(Voir Annexe XXXVII.)

Devant le juge, M. Mialaret s'est dérobé derrière M. le Préfet, en
se refusant tout mandat, toute qualité quelconque pour représenter
l'Administration des chemins de fer départementaux qu'il dirige, et
devant cette tactique, le Juge n'a pas cru pouvoir désigner un expert,
comme le lui demandaient les Concessionnaires.

(Voir Annexe XXXVIII.)

Les choses sont restées dans cet état expectant jusqu'au 31 mars.
que le chemin de fer de Pont-Maugis à Raucourt a été livré à la circulation sans le concours des Cessionnaires des droits du département, qui ont fait constater le fait et ont protesté contre lui, en se
fondant sur ce que :

« MM. A. Lebon et Ollet, Concessionnaires du chemin de fer de
» Lérouville à la ligne des Ardennes, près Sedan, étant en même
» temps Concessionnaires du département des Ardennes, des droits
» comme des obligations inhérents au chemin de fer de Pont-Mau-
» gis à Mouzon et à Raucourt, c'était à eux qu'il appartenait de re-

» mettre à qui de droit l'exploitation dudit chemin, d'y pourvoir et
» de la régler conformément au décret du 9 novembre 1867, et au
» cahier des charges y annexé. »

(Voir Annexe XXXIX.)

Et ils ont fait signifier ce constat avec leurs protestations tant à
M. le Préfet, qu'en tout état de cause, à M. Mialaret, directeur des
chemins de fer départementaux des Ardennes.

(Voir Annexe XL.)

Cependant l'époque de la première session des Conseils généraux
pour l'année 1873 approchait.

Le Conseil général des Ardennes se réunissait le 15 avril. Les
concessionnaires se rendirent auprès de lui et demandèrent à être
entendus. Ils lui exposèrent que la partie de la lettre ministérielle
du 19 février leur semblait avoir été singulièrement exagérée dans
la délibération secrète du 21 février;

Que cette lettre n'articulait aucune opposition à ce que le chemin
local fut incorporé à la ligne d'intérêt général dans les conditions
fixées entre le département et les concessionnaires et suivant les
indications du Décret du 17 juin et de la Décision Ministérielle du
26 juin 1872;

Qu'elle formulait seulement la volonté expresse que la Convention
d'exploitation par l'Est fût respectée par les contractant.

Que ce qu'on avait cherché à obtenir n'était autre chose qu'un
désistement gracieux de la Compagnie de l'Est, qui était à espérer;

Que cet espoir étant déçu, il allait de soi que la Convention fût
respectée et exécutée;

Qu'elle l'était, en effet, puisque depuis le 31 mars, le chemin de
fer de Pont-Maugis était exploité par l'Est dans les termes de la
Convention des 1-11 octobre 1866;

Que la lettre ministérielle se trouvait donc pleinement satisfaite.

Et ils prièrent le Conseil général de leur délivrer le chemin de
fer local, exploité par la Compagnie de l'Est, dans l'état où il se
trouve, pour être refectionné et continué suivant le Décret du 17
juin et la Décision Ministérielle du 26 juin 1872, à charge par eux

de faire régulariser la situation par un Décret d'incorporation de la ligne locale dans la ligne d'intérêt général.

Pour toute réponse, ils reçurent communication du rapport présenté par M. le Préfet au Conseil général et dans lequel il lui annonce que, pour obtempérer à la délibération du 21 février, il a, par un traité conclu le 13 mars, sous réserve de l'approbation du Conseil général, de l'assemblée générale des actionnaires de la Compagnie de l'Est, et enfin de l'Administration publique, rétrocédé le chemin de fer de Pont-Maugis à Mouzon et à Raucourt, aux mêmes conditions pour ainsi dire auxquelles le Département l'avait déjà rétrocédé aux Concessionnaires de la grande ligne de Sedan à Lérouville.

(Voir Annexe XLI.)

Et en effet, dans la séance du 16 avril, le traité fut soumis à l'appréciation du Conseil général avec un rapport dont l'étendue témoigne de l'importance attachée à l'heureuse issue de cette négociation, et de l'effort qu'on a cru devoir faire pour enlever une approbation nécessaire.

(Voir Annexe LXII.)

Tout étant dit au Conseil général des Ardennes, les concessionnaires se sont rendus auprès du Conseil général de la Meuse, réuni depuis le 16 avril, pour l'informer de ce qui était advenu depuis sa session extraordinaire de mars.

M. le Préfet avait publié dans son rapport la réponse du Ministre à la délibération du 7 mars. Cette réponse porte, comme la lettre aux Ardennes du 19 février, l'empreinte du malentendu dont l'origine se perd probablement dans les ingérences malencontreuses qui sont venues compliquer cette affaire pourtant si simple. Mais en même temps, elle émet « l'espoir que les hypothèses dans lesquelles le Con- » seil général se considérerait comme dégagé de sa promesse de sub- » vention, ne se présenteront pas. » Elle indique aussi que le cas échéant, l'intervention du Conseil d'État au contentieux serait nécessaire pour valider une telle attitude.

(Voir Annexe XLIII.)

Le Conseil général a chargé un de ses membres de répondre à M. le Ministre des Travaux publics.

Loin de revenir sur sa délibération du 7 mars, il l'a énergiquement maintenue, en émettant l'espoir :

Que la situation nouvelle créée par le traité du 13 mars ne serait pas admise ni approuvée; .

Que la ligne d'intérêt général de Sedan à Lerouville, serait maintenue en possession de tout son parcours ;

Que les droits de ses Concessionnaires seraient respectés;

Et que les arrangements si longuement préparés et si souverainement consacrés seraient exécutés.

Et jugeant ce résultat à obtenir si important pour le département de la Meuse, il a investi ses députés à l'Assemblée nationale de la mission expresse de prendre en main la défense de ses intérêts, qui sont en même temps ceux des Concessionnaires.

Il a même délégué trois de ses membres, en dehors et en sus des députés de la Meuse, pour appuyer les Concessionnaires dans leurs justes revendications.

(Voir Annexe XLIV.)

Quant à ceux-ci, ils se sont bornés à rappeler à M. le Ministre les principales étapes administratives et légales de cette affaire, en le priant de déférer aux mêmes pouvoirs qui ont déjà eu à s'occuper de cette question, lors de l'instruction du projet définitif, le malencontreux traité du 13 mars 1873.

(Voir Annexe XLV.'

Et M. le Ministre paraît avoir favorablement accueilli cette juste demande.

Les choses en sont là.

RÉSUMÉ.

Après cet exposé des faits appuyés de tous les documents officiels qui s'y rapportent et démesurément allongé par la narration pourtant nécessaire de tant de péripéties, il convient de résumer les situations de tous les intérêts en cause.

La situation de MM. A. Lebon et Ollet est simple, nette, régulière.

Ils sont Concessionnaires, en vertu d'un Décret rendu après une adjudication publique, d'un chemin de fer d'intérêt général, subventionné par une loi de l'Etat, qui. partant de Lérouville, doit venir se souder par la ligne des Ardennes près de Sedan.

A l'époque où l'adjudication de cette grande ligne a eu lieu, son tracé n'était pas exactement déterminé; il devait l'être ultérieurement par un Décret rendu en Conseil d'Etat.

Aux termes du cahier des charges qui a constitué la base de l'adjudication, les concessionnaires doivent soumettre à l'administration publique le projet définitif du tracé de leur chemin de fer, et, ce projet une fois approuvé il appartient aux concessionnaires, seuls de leur côté, de proposer des modifications que l'administration publique a, seule de son côté, le droit d'autoriser.

Les concessionnaires ont rempli cette première charge de leur concession après s'être mis d'accord avec le département des Ardennes;

Qui en 1865, 1866, 1867 et 1868, par l'organe de son Conseil général a émis des vœux pour l'établissement du chemin de fer de Sedan à Lérouville en offrant d'y concourir par l'apport soit de son chemin local de Pont-Maugis à Mouzon s'il était construit, soit des ressources affectées à sa construction.

Qui en 1869, par l'organe de son Directeur des chemins de fer départementaux est convenu avec les concessionnaires de faire absorber le chemin local par la ligne d'intérêt général;

Qui en 1870, par le même organe a acquis pour le compte des concessionnaires d'accord avec eux et en prévision de l'approbation de l'administration publique l'emprise nécessaire à l'établissement de la seconde voie;

Qui en 1871, par l'organe de son Conseil général, a déclaré se désintéresser et a supplié le gouvernement de se désintéresser également du chemin local de Pont-Maugis à Mouzon et à Raucourt au profit de la grande ligne de Lérouville à Sedan;

Qui, en 1872, par l'organe de son Préfet, a approuvé au nom du Conseil général, le projet définitif du tracé de Lérouville à Sedan avec absorption du chemin local de Mouzon à Pont-Maugis;

Qui en 1872 encore, par l'organe de son Conseil général et, tout à la fois, de son Préfet a arrêté, d'accord avecles concessionnaires, toutes les conditions de détail de la reprise du chemin local par la ligne d'intérêt général.

L'Administration publique en dernier ressort, a approuvé les propositions faites par les concessionnaires.

Un décret rendu en Conseil d'État a arrêté souverainement le tracé, et une décision ministérielle a approuvé le projet définitif des terrassements de cette grande ligne, depuis Lérouville jusqu'à Pont-Maugis sur la ligne des Ardennes près Sedan.

Les concessionnaires ont donc accompli les conditions imposées par leur cahier des charges, et ils sont en possessionde leur ligne, par tous les actes réguliers et nécessaires des pouvoirs publics compétents.

La situation du département des Ardennes n'est pas moins nette.

Il a manifesté le désir d'être déchargé du chemin de fer de Mouzon à Pont-Maugis.

Son Exc. le Ministre des Travaux publics lui a répondu que sur la demande formulée par le Conseil général des Ardennes, il abrogerait le Décret de 1867, sous toutes réserves desdroits des tiers.

Conformément à cette indication ministérielle et après avoir traité de la reprise des travaux faits sur la ligne locale avec les concessionnaires de la grande ligne, le Conseil général a produit la demande au Ministre.

Le département des Ardennes a donc fait tout ce qu'il fallait pour sauvegarder ses intérêts et tout ce qui lui était demandé pour *régulariser*, suivant l'expression ministérielle, la situation qui lui était faite, selon ses désirs et ses vœux.

La situation du Ministre est, elle aussi, des plus simples et des plus satisfaisantes.

Il se trouve en présence de deux intérêts qui se sont mis d'accord suivant la décision que lui-même a prise et qui sollicitent ensemble une regularisation conservatrice des droits des tiers.

Ceux de l'État seraient-ils compromis?

Évidemment non.

Il se trouve déchargé de la subvention qu'il doit au département des Ardennes, pour la construction du chemin local absorbé par la ligne d'intérêt général, sans que la subvention due à celle-ci soit modifiée. — Il supprime la concurrence que la ligne locale ferait à la ligne d'intérêt général et qui ne pourrait qu'en réduire la valeur.

Il est vrai qu'il renonce à son partage des bénéfices dans les produits éventuels de la ligne locale, mais tout le monde, y compris le Conseil général et le Préfet des Ardennes, paraît croire si peu à cette éventualité, que la renonciation paraît n'être que de pure forme. En compensation, d'ailleurs, l'État acquiert les six kilomètres de Remilly à Raucourt.

Le Ministre n'a donc qu'à suivre la voie que lui-même a tracée et que tous les intérêts en jeu ont suivie à sa suite, pour dénouer les difficultés imaginaires qui retardent une solution à tous les points de vue urgente.

Une situation inexplicable est celle que vient de prendre la Compagnie des chemins de fer de l'Est.

Le Gouvernement lui a offert la ligne de Lérouville à Sedan, avec 13,500,000 francs de subvention.

Elle l'a dédaigneusement refusée, d'où l'on peut conclure qu'elle n'en redoute aucune concurrence dommageable.

Elle a le droit d'exploiter pendant douze années, aux frais et périls du département des Ardennes, qui a seul charge de la construire, par conséquent sans risques d'aucune nature pour elle, soit comme construction, soit comme exploitation, la ligne de Pont-Maugis à Mouzon et à Raucourt.

Cette situation ne la satisfait pas.

Alors qu'elle sollicite du trésor public, épuisé par nos malheurs, des indemnités, des subventions et des garanties d'intérêt, en faisant valoir son patriotisme, ses pertes et l'exiguïté de ses moyens d'existence.

Elle vient retarder l'exécution d'une ligne souverainement intéressante pour la défense nationale, en se jetant à travers d'une solution longuement élaborée, d'accord avec les pouvoirs publics, satisfaisante pour tous les intérêts légitimes, y compris les siens, qui restent reconnus et respectés.

Elle vient donner l'exemple du gaspillage, en prenant à sa charge la construction et l'exploitation d'une ligne qui maintenue locale ne promet, de l'avis de tous, que du déficit, et qui, au contraire, incorporée à une ligne d'intérêt général, peut n'être pas une source de pertes.

Évidemment, il ne convient ici ni de rechercher, ni de qualifier mobile qui la jette en de tels déraillements.

CONCLUSION.

Les Concessionnaires de l'État du chemin de fer d'intérêt général de Lérouville à la ligne des Ardennes près Sedan, cessionnaires du département des Ardennes du chemin de fer d'intérêt local de Pont-Maugis à Raucourt et à Mouzon, demandent donc :

Que sans s'arrêter au traité conclu sous réserve de son approbation, le 13 mars 1873, entre le département des Ardennes et la Compagnie des chemins de fer de l'Est.

Son Exc. M. le Ministre des Travaux publics, conformément au Décret présidentiel du 12 juin, à la Décision ministérielle du 26 juin, et à la Délibération du Conseil général des Ardennes du 24 août 1872, **régularise** la situation, par l'abrogation, sous toutes réserves des droits des tiers, du Décret du 9 novembre 1867, en ce qui concerne le chemin de fer d'intérêt local de Pont-Maugis à Mouzon et à Raucourt, et par l'incorporation de ce chemin dans le chemin de fer d'intérêt général de Lérouville à la ligne des Ardennes près Sedan ;

Et que pour compléter cette **régularisation** dans les termes du cahier des charges annexé au décret du 7 avril 1869 ;

Son Exc. M. le Ministre des Travaux publics veuille bien obtenir ou mettre les Concessionnaires de l'État en situation d'obtenir, pour le compte de l'État, soit le délaissement, soit le rachat des droits que tient la Compagnie des chemins de fer de l'Est de la convention des 1er et 11 octobre 1866, relativement audit chemin de fer d'intérêt local de Pont-Maugis à Mouzon et à Raucourt.

Les Concessionnaires,

A. LEBON et OTLET.

DOCUMENTS

CONCERNANT

LA DOUBLE CONCESSION

D'UN CHEMIN DE FER D'INTÉRÊT LOCAL

De Pont-Maugis à Mouzon

ET

D'UN CHEMIN DE FER D'INTÉRÊT GÉNÉRAL

DE LÉROUVILLE A LA LIGNE DES ARDENNES, PRÈS SEDAN

Par Pont-Maugis et Mouzon

ANNEXE I.

Mézières, le 6 octobre 1869.

DÉPARTEMENT DES ARDENNES

—

CHEMINS DE FER DÉPARTEMENTAUX

—

DIRECTION

=

OBJET :

de Pont-Maugis
à Mouzon et à Raucourt

A MM. A. Lebon et Ollet, Concessionnaires du Chemin de fer de Sedan à Lérouville.

Messieurs,

La ligne de Sedan à Lérouville me paraît devoir emprunter, à partir de Mouzon le tracé du chemin de fer départemental décrété le 9 novembre 1867, de Sedan à Mouzon par Pont-Maugis.

Ce point étant établi, les deux lignes devront se confondre entre Pont-Maugis et Mouzon, sur un parcours de 12 kilomètres environ.

D'autre part, le département des Ardennes doit construire et exploiter un embranchement de 6 kilomètres partant de Remilly, village situé sur la ligne de Pont-Maugis à Mouzon, à 2 kilomètres 1/2 environ au-delà de ce premier point, pour aboutir à Raucourt.

Les travaux de l'embranchement de Remilly à Raucourt et la portion de la ligne principale de Sedan à Mouzon comprise entre le Pont-Maugis et Remilly, peuvent être mis, dès à présent, en adjudication ; les acquisitions de terrains peuvent être également traitées immédiatement.

Mais avant de proposer à l'administration la mise en adjudication des Travaux et l'acquisition des terrains, j'ai besoin d'être renseigné sur vos projets.

Je viens donc vous prier de me dire si vous avez fixé le point d'attache de votre ligne sur celle de l'Est ; si ce point d'attache est le Pont-Maugis et si, par conséquent, entre Remilly et Pont-Maugis, notre tracé se concilie avec vos projets.

Dans le cas de l'affirmative, mes projets étant prêts, je ferais construire immédiatement cette portion de chemin dans les conditions de tracé permettant de l'incorporer plus tard à la concession de Sedan à Lérouville qui vous est concédée, et, en même temps, l'embranchement de Raucourt.

Les travaux dont il s'agit étant soldés, le Département disposera de ressources suffisantes pour permettre à l'établissement de la plate-forme entre Remilly et Mouzon dans les conditions de votre cahier des charges, si toutefois l'État veut bien maintenir la subvention qu'il nous a accordée.

Si, donc, le tracé étudié par le Département entre Mouzon et Remilly se concilie avec vos projets, et il me semble qu'il n'en peut être autrement, nous pourrions établir la plate-forme de la voie et des stations entre Mouzon et Remilly, pour vous livrer cette section avec celle de Remilly à Pont-Maugis complétement terminée ; de sorte que vous n'auriez, pour terminer cette portion de 12 kilomètres de longueur, qu'à construire la voie et les stations sur 9 kilomètres 1/2 et à parer aux aménagements de la gare d'attache de Pont-Maugis.

Ceci constituerait, de la part du Département, un apport en échange duquel vous prendriez la charge d'exploiter le petit tronçon de Remilly à Raucourt, lequel n'a que 6 kilomètres de longueur et vous serait livré tout construit.

Les travaux faits n'auraient pas le caractère d'une subvention, puisqu'ils seraient le résultat d'un contrat synallagmatique, de sorte que le Gouvernement n'aurait à vous faire aucune déduction sur le montant de vos subventions.

Veuillez, Messieurs, avoir la bonté d'examiner les questions qui font l'objet de cette lettre, et de me répondre le plus tôt possible, en me disant si vous seriez disposés à entrer dans la combinaison que j'ai indiquée pour la portion de Remilly à Mouzon.

En me résumant, je viens vous prier de me faire connaître :

1° Si le point d'attache de votre ligne à Lérouville doit être, d'après vos projets, la gare de Pont-Maugis ;

2° Si le tracé adopté par le Département pour la ligne de Pont-Maugis à Mouzon par Remilly, Villers devant Mouzon et Autrecourt, est celui que vous comptez adopter, en cas d'attache à Pont-Maugis ;

3° Enfin, si vous seriez disposés à entrer en négociation avec l'administration départementale au sujet de l'exploitation de l'embranchement de Remilly à Raucourt.

Veuillez agréer, Messieurs, l'expression de mes sentiments distingués.

L'*Ingénieur civil, Directeur,*
(Signé) : MIALARET.

Annexe II.

Bruxelles, le 12 octobre 1869.

A Monsieur Mialaret, Ingénieur civil, Directeur des Chemins de fer départementaux
des Ardennes.

Monsieur le Directeur,

Votre lettre du 6 courant nous est transmise de Paris et nous nous empressons d'y répondre.

Sur le premier point : oui, il entre dans nos vues, si nos projets sont approuvés, de nous rattacher à la gare de Pont-Maugis, au point que vous-même avez choisi.

Deuxième point : oui, et nous avons en conséquence donné pour instructions à l'agent chargé des études définitives (M. Barrault) , de se rendre chez vous à l'effet de vous demander les renseignements nécessaires pour pouvoir continuer notre tracé au delà de Mouzon.

Toutefois, nous devons vous faire remarquer qu'aux abords de la gare de Remilly se présentent deux courbes d'un rayon inférieur à 500^{m} limite maxima, fixée par nos cahiers des charges. Il y aurait lieu, nous semble-t-il, de modifier cette situation en reculant la gare de Remilly.

Troisième point : oui, nous sommes disposés à faire une convention avec le département, sur les bases que vous indiquez, à la condition, toutefois, que les rails de la section de Remilly à Pont-Maugis, auront le poids prévu par le cahier des charges, soit 35 kilogrammes.

Inutile de vous dire, Monsieur le Directeur, que nous nous tenons entièrement à votre disposition pour tous les renseignements et les négociations.

Recevez, etc.

Les Concessionnaires :
(Signé) : A. Lebon et Otlet.

Paris, 19 octobre 1869.

A Monsieur Mialaret, Ingénieur, Directeur des Chemins de fer départementaux des
Ardennes, Méziéres.

Monsieur,

J'ai l'honneur de vous informer que MM. Lebon et Otlet ont chargé M. Barrault des études définitives de la ligne de Lérouville à Sedan.

M. Barrault doit établir de suite le projet de la partie comprise entre Mouzon et Verdun, et je prends la liberté de vous l'adresser en vous priant de lui fournir les renseignements dont il aurait besoin pour opérer le raccordement de son tracé avec celui que vous avez établi entre Pont-Maugis et Mouzon.

En vous remerciant d'avance pour ce service, je vous prie, Monsieur, d'agréer l'assurance de ma considération distinguée.

Pour A. Lebon et Otlet, *Concessionnaires.*
(Signé) : B. Detraux.

Annexe III.

DÉPARTEMENT DES ARDENNES

—

CHEMINS DE FER DÉPARTEMENTAUX

—

DIRECTION

—

OBJET :

Ligne de Pont-Maugis
Mouzon et à Raucourt

Mézières, le 6 janvier 1870.

À Messieurs A. Lebon et Ollet, Concessionnaires du chemin de fer de Sedan à Lérouville.

Messieurs,

Je suis en mesure de faire prononcer l'expropriation des terrains nécessaires à l'établissement de la section du chemin d'intérêt local de Pont-Maugis à Mouzon, comprise entre *Pont-Maugis et Remilly*. J'ai traité provisoirement avec la plus grande partie des propriétaires.

J'ai l'intention d'exproprier dès à présent, la zone de terrain nécessaire à l'établissement *ultérieur de la seconde voie*, en vue de rentrer dans les conditions de votre cahier des charges, et de vous permettre de reprendre nos travaux, sans que vous soyez obligés de pratiquer des élargissements onéreux.

J'ai l'espoir que l'Administration supérieure et le Conseil général consentiront à ratifier les pourparlers que nous avons échangés à ce sujet pour la ligne entière; Cependant, comme je n'ai pu engager sous ce rapport l'Administration en quoi que ce soit, mon devoir est de prévoir le cas où ces négociations préliminaires resteraient sans effet. En faisant dès maintenant l'emprise pour deux voies entre *Pont-Maugis et Rémilly*, le Département prépare le chemin en vue de vous être remis. Il faut donc que ce rachat soit dès à présent accepté par vous, quelque puisse être l'accueil réservé à la combinaison que je vous ai soumise et que vous avez acceptée, combinaison qui a trait à l'ensemble de la ligne départementale du Pont-Maugis à Mouzon et à Raucourt.

Vous devez, sans doute, être actuellement définitivement arrêtés sur le tracé de votre ligne entre Mouzon et Sedan. J'ai tout lieu de penser que vous êtes en instance pour le faire approuver. Si comme je le suppose, vous avez adopté mon tracé et si l'Administration supérieure l'accepte, le chemin départemental et la grande ligne vont se confondre notamment entre *Pont-Maugis et Remilly.* Donc, à moins d'établir un chemin parallèle au nôtre, entre ces deux points, vous devez nous racheter, soit en nous remboursant nos dépenses, soit par toute autre combinaison. Ceci me parait hors de discussion, si, je le répète, vous avez proposé notre tracé, et si ce traité est approuvé par l'Administration supérieure.

Toutefois, le département n'aura l'assurance de ne point faire une dépense inutile en achetant le terrain pour deux voies, entre *Pont-Maugis* et *Remilly*, que si vous déclarez formellement vous engager à racheter les travaux qui vont être faits, en remboursant au Département les dépenses qu'il aura faites, si toute autre combinaison ne peut aboutir, sauf le cas, bien entendu, où l'Administration supérieure vous obligerait à suivre un tracé différent de celui de la ligne départementale entre *Pont-Maugis* et *Remilly*. Il est bien entendu que le remboursement des dépenses faites par le Département, ne s'appliquerait qu'aux travaux que vous pourriez utiliser.

Je viens en conséquence vous demander si, pour me permettre de poursuivre la voie dans laquelle je me propose d'engager la construction des deux kilomètres à créer entre *Pont-Maugis* et *Remilly*, il vous convient de prendre l'engagement que je viens de formuler, pour cette portion seulement. Cet engagement de votre part pourrait résulter tout simplement d'une copie de la présente lettre, que vous me renverriez avec mention d'acceptation de son contenu.

En attendant l'honneur de votre réponse, je vous prie d'agréer, Messieurs, l'expression de mes sentiments distingués.

L'Ingénieur civil, Directeur des chemins de fer départementaux,

(Signé) : Mialaret.

Annexe IV.

CHEMIN DE FER

DE LA VALLÉE DE LA MEUSE

———

SEDAN A LÉROUVILLE

———

A. LEBON et OTLET

Concessionnaires

———

le 15 janvier 1870.

A Monsieur Mialaret Ingénieur, directeur des Chemins de fer départementaux des Ardennes.

Monsieur,

Nous avons l'honneur de répondre à votre lettre du 6 courant commençant par ces mots.

« Je suis en mesure de faire prononcer, etc., »

Et finissant par ces mots :

« Que vous me renverriez avec mention d'acceptation de son contenu. »

Nous avons l'honneur de vous dire, Monsieur l'Ingénieur, que nous sommes en tous points d'accord sur le contenu de cette lettre et que nous souscrivons à l'engagement qu'elle nous soumet.

Recevez, etc.

Les Concessionnaires

(Signé) : A. LEBON et OTLET.

Annexe V.

CONVENTION ANNEXÉE AU DÉCRET IMPÉRIAL DU 9 NOVEMBRE 1867.

(Bulletin des lois N° 1555.)

Entre le Département des Ardennes, représenté par M. le vicomte Foy, préfet, agissant en vertu des pouvoirs qui lui ont été donnés par le Conseil général, dans sa séance du 30 août 1866,

Et la Compagnie des chemins de fer de l'Est, représentée par M. Baude, Administrateur, et M. Sauvage, Directeur, agissant en vertu des pouvoirs qui leur ont été conférés par délibération du Conseil de ladite Compagnie, en date du 30 août 1866,

A été convenu ce qui suit :

Art. 1er. La Compagnie des chemins de fer de l'Est exploitera, pour le compte du Département des Ardennes, les chemins de fer d'intérêt local ci-après désignés, dont la construction est projetée :

1° D'Amagne à Vouziers ;

2° De Sedan (station du Pont-Maugis) à Mouzon, avec embranchement de Remilly à Raucourt ;

3° De Donchery à Vrigne-aux-Bois ;

4° De Carignan à Messempré ;

5° De la station de Monthermé à Monthermé.

Le tracé des chemins ne présentera pas de pentes supérieures à quinze millimètres par mètre, ni de courbes dont le rayon soit inférieur à trois cents mètres, en dehors des limites des gares ou stations.

Art. 2. La Compagnie de l'Est organisera un service d'exploitation dans les conditions qui seront ultérieurement arrêtées entre elle et le Département, selon les exigences du trafic.

La Compagnie sera chargée de toutes les dépenses d'entretien courant, des grosses réparations aux terrassements, ouvrages d'art et bâtiments, et de celles de la réfection des voies.

Art. 3. La Compagnie voulant rester étrangère aux chances de l'entreprise, ne prétendre à aucun bénéfice ni encourir aucune perte, mais tenant à s'assurer le remboursement intégral de ses dépenses, il sera, à cet effet, ouvert sur ses livres, au Département des Ardennes, un compte d'exploitation, d'entretien et de fourniture du matériel roulant, au débit duquel seront exactement portées les dépenses de toute nature spécialement afférentes à l'exploitation des lignes.

Ces dépenses n ayant pas pu être déterminées au préalable et résumées sous forme d'un tarif d'exploitation, il reste entendu que la Compagnie les estimera de manière à rentrer uniquement dans ses déboursés, en s'interdisant tout bénéfice. On entend ici par déboursés, non–seulement les sommes réellement payées pour les lignes, mais encore la location du matériel roulant, c'est-à-dire l'intérêt et l'amortissement du capital du matériel nécessaire à l'exploitation, au taux de huit pour cent par an.

Art. 4. Le montant de ces dépenses sera prélevé par la Compagnie sur les recettes centralisées à cet effet dans sa caisse, recettes de l'intérêt desquelles elle aura à tenir compte au Département au taux moyen annuel du placement de ses fonds disponibles.

En cas d'insuffisance des recettes pour couvrir le montant du compte des frais d'exploitation, d'entretien et d'apport du matériel, la Compagnie aura à exercer son recours contre le Département.

Il est expressément stipulé, en faveur de la Compagnie, un privilége absolu de premier ordre, jusqu'à remboursement intégral, sur les chemins que le présent traité a pour objet d'exploiter.

Art. 5. La Compagnie portera au crédit du compte d'exploitation et d'entretien des chemins dont il s'agit la totalité des recettes effectuées sur toute la longueur de leur parcours, jusqu'au point où ils se raccordent avec les lignes de l'Est, sans y comprendre, dans aucun cas, celles relatives à la manutention des marchandises dans les gares d'attache, ni les autres recettes accessoires de ces gares, qui appartiennent en propre à la Compagnie.

Art. 6. Le Département déclare, à l'égard de la constatation du chiffre des recettes effectuées, s'en rapporter entièrement aux écritures tenues par la Compagnie de l'Est, conformément aux prescriptions de l'Administration supérieure, écritures dont le Département pourra faire prendre connaissance par ses représentants.

Art. 7. La Compagnie fera tous les six mois le règlement provisoire des recettes et des dépenses, et mettra le solde de ce règlement à la disposition du Préfet, qui pourra soit retirer les fonds disponibles, soit les laisser dans la caisse de la Compagnie, au taux mentionné en l'article 4.

Mais c'est seulement après l'apurement des comptes de chaque exercice que la Compagnie arrêtera le solde définitif soit de la recette nette qu'elle aura à verser au Département, soit du déficit qu'elle aura à lui réclamer.

Art. 8. Les dépenses d'entretien courant devront se borner au strict nécessaire; celles que pourront exiger les modifications et agrandissements que le développement du trafic nécessitera dans les installations des gares et stations ne devront être entreprises qu'autant que l'utilité en aura été reconnue par le Conseil général; il est entendu, d'ailleurs, que ces modifications et agrandissements resteront entièrement à la charge du Département.

Art. 9. Le présent traité prendra date à partir du jour où l'exploitation aura commencé et expirera le 31 décembre de la douzième année. Il sera renouvelé, si les deux parties y consentent, pour une seconde période de douze années, et ainsi de suite.

Art. 10. La présente convention ne sera définitive qu'après :

1° L'approbation de l'Assemblée des actionnaires de la Compagnie de l'Est;

2° L'approbation de MM. les Ministres des Travaux publics et de l'Intérieur.

Art. 11. Le présent traité est applicable à l'un quelconque des chemins désignés, dans le cas où tous ne seraient pas construits immédiatement par le Département.

Fait double à Mézières, le 1er octobre 1866, et à Paris, le 11 octobre 1866.

Le Préfet des Ardennes,

(Signé) : Vte Foy.

Le Directeur de la Compagnie des chemins de fer de l'Est,

(Signé) : Sauvage.

L'Administrateur délégué,

(Signé) : Baude.

Adopté par le Conseil général, conformément à sa délibération du 27 août 1867.

Le Président du Conseil général,

(Signé) : B. de Ladoucette.

Le Secrétaire du Conseil général,

(Signé) : Primot.

Annexe VI.

CHEMIN DE FER

DE LA VALLÉE DE LA MEUSE

———

SEDAN A LÉROUVILLE

———

A. LEBON et OTLET

Concessionnaires

———

Paris, 28 septembre 1871.

A Monsieur le Préfet des Ardennes.

Monsieur le Préfet

Lors des conférences ouvertes avec le contrôle de l'exploitation de la Compagnie de l'Est, sur l'avant-projet du chemin de fer de Lérouville à Sedan présenté à l'approbation de Monsieur le Ministre des travaux publics, la Compagnie précitée a manifesté l'intention formelle de se prévaloir d'arrangements pris avec le Département des Ardennes pour conserver l'exploitation de la ligne d'intérêt local de Sedan à Mouzon.

Nous avons l'honneur, Monsieur le Préfet, de vous transmettre copie de la correspondance échangée sur cet objet avec l'Administration des chemins de fer départementaux des Ardennes (1), en vous priant de vouloir bien nous faire connaître le plus tôt possible les intentions de l'Administration départementale.

Veuillez agréer, Monsieur le Préfet, l'assurance de notre considération respectueuse.

Les Concessionnaires.

(Signé) : LEBON et OTLET.

(1) Ce sont les lettres reproduites dans les annexes I, II, III et IV, toutes antérieures aux événements de 1870.

Annexe VII.

Extrait des procès-verbaux du Conseil général des Ardennes.

Session de 1871.

Séance du 28 octobre 1871.

. . . .

Le traité d'exploitation, intervenu entre nous et la Compagnie de l'Est, est an-nexé au décret du 9 novembre 1867. Voici les clauses principales de ce traité :

C'est *pour le compte* du Département que la Compagnie exploitera. Elle veut, ar-ticle 3, rester étrangère aux chances de l'entreprise, ne prétendre à aucun bénéfice et n'assumer aucune perte ; mais s'assurer le remboursement intégral de ses dé-penses. Elle ouvre, à cet effet, sur ses livres, un compte d'exploitation au Départe-ment des Ardennes. Elle rentrera dans ses déboursés en s'interdisant tout bénéfice, et, article 6, après l'apurement des comptes de chaque exercice, elle arrêtera le solde, soit de la recette nette qu'elle aura à verser au Département, soit du déficit qu'elle aura à lui réclamer.

La Compagnie de l'Est tient si peu à exploiter tous ces chemins, que l'article 11 restreint le traité à l'un ou l'autre d'entre eux, si tous ne sont pas construits immé-diatement ; le Département ne s'oblige pas vis-à-vis de la Compagnie à les cons-truire.

Pourquoi le Département a-t-il fait ce traité? 1° Parce que, une Compagnie par-ticulière ne se présentant pas pour prendre l'exploitation à ferme, le Département était dans l'alternative d'exploiter par ses propres agents, d'acheter son matériel, ou de louer un matériel et des agents à une grande Compagnie ; 2° parce que, s'il n'eût pas assuré l'exploitation, le Département n'eût pas dû construire ; 3° parce que enfin, la loi de 1865, accordant une subvention du tiers, supposait un traité d'exploitation pour déterminer, et la dépense à laquelle le produit de l'exploitation ne permet pas de s'amortir, et le bénéfice sur lequel l'État aurait plus tard un contingent.

Pourquoi la Compagnie de l'Est a-t-elle fait ce traité? Parce qu'elle ne risquait rien et que si elle renonçait à tout bénéfice, elle avait néanmoins intérêt à assurer, en prenant l'exploitation, la construction de chemins dont la plus grande partie des voyageurs et du tonnage seraient des affluents et des tributaires des lignes de l'Est.

Cet avantage reste à la Compagnie, indépendamment de l'exploitation par ses soins ; elle n'a donc aucune raison de tenir à cette exploitation.

Elle n'est pas fermière ; elle nous a loué des choses et des hommes à titre de service ; car elle proteste, à deux ou trois reprises, contre toute idée de bénéfice.

Nous ne prévoyons donc aucun obstacle de la part de cette Compagnie, au transfert que nous ferions de l'exploitation à d'autres agents.

Le trafic communiqué par nos Chemins reste à la Compagnie de l'Est, nos combinaisons y ajoutent un nouveau trafic. L'intérêt de l'Est est donc de favoriser, non de contrarier ces combinaisons.

. . . .

CHEMIN DE FER DE PONT-MAUGIS.

Du chemin de l'Est qui va de Sedan à Thionville se détache un chemin départemental de Pont-Maugis à Mouzon.

A Remilly s'y embranche le chemin de Raucourt, 6 kilomètres.

La section entre Pont-Maugis et Remilly, et l'embranchement de Raucourt pourraient être terminés à l'automne 1872.

De Remilly à Mouzon les projets ont été faits, mais les travaux ont été ajournés depuis la concession par l'État d'une ligne de Sedan à Lérouville près Commercy, reliant Sedan à Verdun et à la voie de Paris à Strasbourg. Ce chemin viendra probablement se souder à Pont-Maugis avec la ligne de l'Est qui va de Sedan à Thionville.

Les concessionnaires de Lérouville, MM. Lebon et Otlet, nous ont offert, le 15 janvier 1870, de se substituer à nous entre Mouzon et Remilly, et de reprendre la portion à peu près exécutée par nous entre Pont-Maugis et Remilly.

Devons-nous, comme si de rien n'était, faire notre chemin jusqu'à Mouzon, laissant la Compagnie de Lérouville tracer un chemin parallèle au nôtre et soustrayant au nôtre une partie de ses produits ?

La dépense est de 575,000 francs, dans lesquels les communes doivent concourir pour 135,000 francs. Recouvrerions-nous sans efforts ce contingent municipal, lorsque les communes pourraient se voir desservies par la Compagnie de Lérouville sans avoir rien à débourser ?

Il nous semble que peu de controverses peuvent s'élever sur la question de vente à la Compagnie de Lérouville de nos travaux faits, et de nos droits à faire le reste, y compris la subvention de l'État afférente à ce reste.

Nous dégageons 248,000 francs, contingent départemental, pour ce reste, et nous exonérons trois communes.

Il y aurait lieu seulement de sauvegarder par certaines clauses nos intérêts généraux ou locaux, notamment en ce qui concerne la prompte exécution entre Remilly et Mouzon.

Mais la question de vente et d'achèvement se complique de la question d'exploitation.

La Compagnie de Lérouville demande l'exploitation entre Mouzon et Pont-Maugis, dont il paraît difficile de séparer celle de l'embranchement de Raucourt, que le Décret du 9 novembre 1867 confond d'ailleurs avec celui de Mouzon, sous cette dénomination n° 2, de Pont-Maugis à Raucourt et à Mouzon.

Mais nous venons de vous rappeler notre traité d'exploitation avec la Compagnie de l'Est. Un de ses ingénieurs, dans une conférence du 13 juillet 1871, disait qu'elle entend faire valoir ses droits sur l'exploitation de Sedan à Mouzon ; cette réserve peut se rattacher à quelque défaut d'entente actuelle entre la Compagnie de l'Est et celle de Lérouville : mais l'entente future est probable; d'ailleurs le représentant de la Compagnie de l'Est ajoutait qu'elle est prête à s'entendre avec le Département des Ardennes sur toutes les questions qui sont la conséquence du traité d'exploitation.

Nous vous avons expliqué la signification qui nous paraît la seule vraie de ce traité, et nos motifs d'espérer que la Compagnie de l'Est se prêtera à la réduction du nombre des chemins qu'elle a consenti à exploiter pour nous, sans bénéfice pour elle. Dans tous les cas, la Compagnie de Lérouville doit être substituée à tous nos rapports avec la Compagnie de l'Est.

Votre Commission des routes a l'honneur de vous soumettre les conclusions suivantes :

A. — M. le Préfet et la Commission départementale, et en cas d'urgence M. le Préfet seul, sont autorisés à traiter avec la Compagnie de Lérouville sur les bases ci-après :

Transfert par le Département à la Compagnie des droits et obligations du Département relativement au chemin n° 2, de Pont-Maugis à Raucourt et Mouzon, moyennant que : — la Compagnie remboursera au Département toutes les dépenses de travaux et autres qu'il a faites à l'occasion de ce chemin, — n'exigera aucun concours des communes de Mouzon, Angecourt et Beaumont, — exécutera le chemin dans les conditions à lui imposées pour la ligne, — livrera le chemin à la circulation au plus tard le 1er novembre 1873, entre Remilly et Mouzon; au 1er novembre 1872, entre Pont-Maugis, Remilly et Raucourt, — fera une gare à Remilly, sauf au Département à céder gratuitement à la Compagnie les terrains par lui acquis pour la construction de cette gare, — se substituera au département dans ses rapports avec la Compagnie de l'Est pour l'exploitation de cette ligne de Pont-Maugis à Raucourt et Mouzon, — souffrira, s'il y a lieu, l'exploitation par la Compagnie de l'Est, dans les termes de son traité avec le Département; — que si la Compagnie de Lérouville exploite, elle le fera à ses profits et risques, avec un service d'au moins trois trains de voyageurs par jour, et avec autorisation pour le Département d'invoquer l'exécution des clauses relatives au service que l'État imposerait à cette Compagnie.

B. — Le Conseil général supplie le Gouvernement de vouloir bien, pour la réalisation des dispositions qui précèdent, modifier le décret du 9 novembre 1867, notamment en affranchissant de toute participation de l'État les revenus des lignes qu'exploiterait la Compagnie de Lérouville, sauf les arrangements qui interviendraient entre l'État et cette Compagnie.

Annexe VIII.

PRÉFECTURE DES ARDENNES

—

2ᵉ DIVISION

—

OBJET :

CHEMIN DE SEDAN A LÉROUVILLE

—

RACHAT

Du chemin départemental

DE PONT-MAUGIS A MOUZON

Mézières, le 20 décembre 1871.

A Messieurs A. Lebon et Ollet, Concessionnaires du chemin de fer de la Vallée de la Meuse, entre Sedan et Lérouville.

Messieurs,

J'ai reçu de M. l'Ingénieur en chef du contrôle le projet que vous avez présenté pour l'exécution du chemin de Sedan à Lérouville, partie comprise entre Pont-Maugis, station d'attache à la ligne de l'Est, et la limite de mon département.

Le tracé que vous soumettez à l'approbation du Gouvernement emprunte, entre Pont-Maugis et Mouzon, le tracé même du chemin de fer d'intérêt local concédé au département, par décret du 9 novembre 1867.

Le Conseil général m'a autorisé à traiter avec vous du rachat de la concession départementale, à certaines conditions énumérées dans l'extrait ci-joint, que j'ai l'honneur de vous transmettre, de la délibération du 28 octobre dernier.

Avant de donner mon avis sur le projet présenté par vous, il est indispensable que je sache si vous acceptez les conditions de la cession, telles que le Conseil général a cru devoir les régler.

Je vous prie, en conséquence, de me le faire savoir, et s'il y a lieu de vous mettre en rapport avec M. Mialaret, Directeur des chemins de fer départementaux, pour la rédaction d'un traité de cession dans le sens de la décision du Conseil général.

Il ne me sera possible de donner suite à la communication de M. l'Ingénieur en chef du Contrôle, qu'après avoir réglé définitivement avec vous la cession du chemin départemental. — Je vous prie donc de bien vouloir vous occuper sans retard de l'objet de la présente.

Recevez, Messieurs, l'assurance de ma considération distinguée.

Le Préfet des Ardennes,
(Signé) : TIRMAN.

Annexe IX.

CHEMIN DE FER

VALLÉE DE LA MEUSE

———

AN A LÉROUVILLE

———

EBON et OTLET

Concessionnaires

Paris, le 2 janvier 1872.

A Monsieur le Préfet des Ardennes.

Monsieur le Préfet,

Nous avons l'honneur de vous accuser réception de votre lettre en date du 20 décembre dernier par laquelle vous nous informez qu'appelé par M. l'Ingénieur en chef du contrôle à vous prononcer sur le projet du chemin de fer de Sedan à Lérouville, il vous est indispensable de savoir auparavant si nous acceptons les conditions que le Conseil général a cru devoir établir pour la cession du chemin de fer d'intérêt local concédé au département des Ardennes entre Pont-Maugis et Mouzon.

Nous avons pris connaissance du rapport fait au Conseil général sur cette question, ainsi que des décisions dont elle a été l'objet. De la lecture de ces pièces résulte qu'une certaine confusion a été faite qui tendrait à faire supposer que c'est nous, concessionnaires de Lérouville, qui aurions pris, par notre lettre du 15 janvier 1870, l'initiative de proposer au Département de nous substituer à lui entre Mouzon et Pont-Maugis et de reprendre la portion exécutée par le département entre Pont-Maugis et Remilly.

Nous tenons à vous faire observer, Monsieur le Préfet que cette initiative appartient au contraire au Département ou tout au moins à une personne que sa position désignait naturellement comme ayant le caractère de représentant du Département, à M. l'Ingénieur Directeur des chemins de fer départementaux des Ardennes. C'est M. Mialaret en effet, qui, par sa lettre du 6 octobre 1869, nous demandait de répondre aux trois points suivants :

1° Si le point d'attache de notre ligne de Lérouville doit être la gare de Pont-Maugis;

2° Si le tracé adopté par le Département pour la ligne de Pont-Maugis à Mouzon par Remilly, Villers-devant-Mouzon et Autrecourt, est celui que nous comptons adopter en cas d'attache à Pont-Maugis;

3° Si nous serions disposés à entrer en négociations avec l'Administration départementale au sujet de l'exploitation de l'embranchement de Remilly à Raucourt.

Cette ouverture, à laquelle nous répondîmes affirmativement sur les trois points, a été, pour nous, le motif déterminant du projet soumis en ce moment à votre examen, par M. l'Ingénieur du contrôle, et qui comporte entre Pont-Maugis et Mouzon, un tracé se confondant avec celui du chemin de fer d'intérêt local concédé au Département, par décret du 9 novembre 1867.

Plus tard, le 6 janvier 1870, M. Mialaret nous demandait, pour lui permettre d'établir la voie entre Pont-Maugis et Remilly dans les conditions que comportait notre cahier des charges, de prendre l'engagement de « racheter les travaux qui » devaient être faits en remboursant au Département les dépenses qu'il aurait faites, » si toute autre combinaison ne peut aboutir, sauf le cas, bien entendu, où l'Admi-

» nistration supérieure nous obligerait à suivre un tracé différent de celui de la
» ligne départementale entre Pont-Maugis et Remilly.

Nous avons encore pris cet engagement, mais cet engagement seul, par notre lettre
du 15 janvier 1870, citée au rapport de la Commission ; et depuis, attendant du Département la ratification des arrangements intervenus entre M. Mialaret et nous,
nous n'avons eu à traiter de nouveau la question que pour réfuter dans les conférences ouvertes au sujet de notre tracé, la prétention excessive de la Compagnie de
l'Est, qui entendait réserver ses droits à l'exploitation entre Pont-Maugis et Mouzon.

Comme nous l'avons fait alors observer à M. l'Ingénieur en chef du contrôle, la
situation comporte deux solutions :

1° L'absorption du chemin de fer d'intérêt local par la Compagnie de Sedan à
Lérouville, à charge par celle-ci d'indemniser le département des dépenses utile-
ment faites entre Pont-Maugis et Mouzon et d'exploiter aux mêmes conditions que la
Compagnie de l'Est, l'embranchement de Remilly à Raucourt, si le département le
désire, mais aussi, sans aucune restriction des droits que lui confère son cahier des
charges, notamment en ce qui concerne l'exploitation ;

2° La présentation entre Sédan et Mouzon d'un tracé indépendant de celui du
chemin de fer d'intérêt local.

La première solution est la seule rationnelle ; elle est indiquée par MM. les Ingénieurs du Contrôle, et M. Mialaret en avait très-intelligemment pris l'initiative ; elle
épargne au Département non-seulement les dépenses du premier établissement, mais
encore les déficits annuels qui seraient le résultat de l'exploitation sur facture, par
la Compagnie de l'Est, d'un tronçon de quelques kilomètres.

C'est en faveur de cette solution que nous vous demandons, Monsieur le Préfet,
de vous prononcer dans l'instruction à laquelle donne lieu aujourd'hui notre projet et
nous espérons qu'après les explications qui précèdent, elle vous paraîtra la seule
capable de sauvegarder les intérêts du Département en respectant les droits des concessionnaires.

Quant au projet de cession sur lequel vous nous demandez, Monsieur le Préfet,
de nous prononcer et qui vous paraît avoir été établi sur des données incomplètes,
nous ne pouvons y souscrire, car, en aliénant en faveur de l'Est, comme le demande
le Conseil général, nos droits d'exploitation sur la partie qui sert de tête de ligne à
notre concession de la vallée de la Meuse, nous compromettrions ainsi le succès
de cette exploitation ; le voulussions-nous même, il nous paraît impossible que
l'Administration supérieure consente à amoindrir les résultats qu'on est en droit d'at-
tendre du chemin de fer de Sedan à Lérouville, par le fractionnement de son exploitation dans les mains de l'Est qui n'a pas intérêt au développement ultérieur du
chemin dont nous sommes concessionnaires. Cette considération acquiert d'autant
plus de valeur que l'importance du chemin de la vallée de la Meuse est singulièrement accrue au point de vue stratégique, surtout par les douloureux événements qui
viennent de s'accomplir.

Nous vous serions en tous cas obligés, Monsieur le Préfet, de retourner aussi
promptement que possible à M. l'Ingénieur en chef du Contrôle le dossier en ce
moment soumis à votre examen, afin de ne pas retarder plus longtemps la décision
si vivement attendue que l'Administration supérieure aura à prendre relativement à
notre projet.

Veuillez agréer, etc.

Les Concessionnaires.

(Signé) : A. LEBON ET OTLET.

Annexe X.

ECTURE DES ARDENNES

—

2e DIVISION

—

OBJET :

N DE FER DE L'EST

EDAN A LÉROUVILLE

Mézières, le 17 janvier 1872.

A Messieurs A. Lebon et Otlet, Concessionnaires de la ligne de Sedan à Lérouville.

Messieurs,

J'ai l'honneur de répondre à votre lettre en date du 2 de ce mois par laquelle vous me dites ne pouvoir souscrire au projet formulé par le Conseil général pour la cession à votre profit de la concession départementale de Pont-Maugis à Raucourt et à Mouzon.

Vous me faites connaître notamment que vous ne pouvez aliéner vos droits d'exploitation au profit de la Compagnie de l'Est, sur la partie qui sert de tête à votre concession, comme le demande, dites-vous, le Conseil général.

Sur ce point, permettez-moi de vous faire observer, tout d'abord, que le Conseil général ne vous impose rien et ne vous réclame nullement cet abandon.

Je crois nécessaire, à ce propos, d'établir quelle est la situation du Département en ce qui concerne la concession qu'il s'agit de vous abandonner.

Le 9 novembre 1867, le département des Ardennes était autorisé par Décret, à établir et à exploiter plusieurs lignes de chemin de fer d'intérêt local au nombre desquelles se trouve une ligne de Pont-Maugis à Mouzon, avec embranchement de Rémilly à Raucourt.

Cette concession a été accordée par l'Etat sous deux conditions principales : le première, c'est d'appliquer à l'exploitation des lignes le traité passé avec la Compagnie de l'Est (art. 2 du Décret), la deuxième, c'est de partager dans une proportion déterminée avec l'Etat, l'excédant des recettes sur les dépenses qui pourront résulter de l'application du traité d'exploitation (art. 4 du Décret).

En lui accordant sa concession, l'État a donc obligé le Département à appliquer la convention faite avec l'Est, laquelle a douze années de durée, et à lui abandonner une portion des bénéfices nets qui pourraient résulter de l'exploitation faite par application de cette convention.

Le Conseil général n'a pas le pouvoir de modifier ces conditions; donc, il ne peut céder tout ou partie de la concession sans imposer au concessionnaire les charges qui lui ont été imposées à lui-même.

En vous cédant la ligne de Pont-Maugis à Mouzon et à Raucourt, le département ne vous impose aucune obligation quant à l'exploitation; mais, n'étant pas maître d'affranchir sa concession des conditions qui lui sont faites à cet égard, le Conseil Général ne pouvait se dispenser de dire qu'en la prenant, votre Compagnie faisait son affaire des charges dont cette concession se trouve grevée et dont il n'a pas le pouvoir de vous délier.

Tel est le sens précis des réserves formulées dans la délibération du 28 octobre dont je vous ai transmis l'extrait.

En ce qui concerne l'exploitation par l'Est, le Conseil général est d'avis que cette Compagnie ayant consenti à exploiter *sans bénéfice* les lignes que le département devait construire en vertu du Décret du 9 novembre 1867, ne peut raisonnablement prétendre à l'exploitation de la ligne de Pont-Maugis à Mouzon et à Raucourt, du moment où le Département renonce à cette ligne et où le Gouvernement, intéressé dans la question, donne son adhésion à la cession.

Nous ne pensons pas non plus que l'État intéressé pour une part de bénéfices éventuels, fasse d'objections à la cession.

Mais c'est à vous qu'il appartiendra de faire toutes les diligences nécessaires pour obtenir que la concession qui vous est faite soit affranchie des conditions d'exploitation qui pourraient constituer pour vous une difficulté ou un embarras.

Je ne veux pas dire par là que le Département entende se désintéresser de la question, autrement que pour dégager sa responsabilité dans le résultat final ; l'Administration, au contraire, se déclare toute prête à appuyer, tant auprès du Gouvernement qu'auprès de la Compagnie de l'Est, la demande que vous trouverez à propos de faire dans le but précité.

En vous reportant aux conditions de la cession faite à la Compagnie Desroches, de la ligne d'Amagne à Vouziers, vous verrez que des réserves analogues à celles qui sont faites au sujet de la cession qui vous intéresse, ont été formulées, et en lisant le rapport de M. Riché, vous connaîtrez les arguments propres à faire valoir vos réclamations.

Quant aux conditions que le département a posées pour le rachat des travaux faits, le Conseil général a semblé admettre qu'elles pouvaient comporter quelque tempérament, en autorisant le Préfet et la Commission départementale à y introduire au besoin quelques modifications.

Veuillez examiner ces conditions et m'adresser le plus tôt possible les observations qu'elles peuvent provoquer de votre part, afin que vous étant mis d'accord avec la Commission départementale et avec moi, je puisse saisir l'Administration supérieure de la question.

J'ai donné suite au projet que vous avez présenté pour le tracé de votre ligne sur le département des Ardennes, en exprimant l'avis que la solution la plus convenable consiste dans la cession à votre profit de la concession du département de Pont-Maugis à Mouzon et à Raucourt.

Agréez, Messieurs, l'assurance de ma considération très-distinguée.

Le Préfet des Ardennes,

(Signé) : TIRMAN.

Annexe XI.

...TURE DES ARDENNES
—
..e DIVISION

Mézières, le 29 février 1872.

A Messieurs A. Lebon et Ollet, Concessionnaires de la ligne de Sedan à Lérouville.

Messieurs,

Vous n'avez pas encore répondu à ma dépêche en date du 17 janvier dernier.

Le Conseil général doit se réunir le 2 avril prochain, et cette réunion doit être précédée d'une séance de la Commission départementale pour l'examen préalable des affaires à soumettre au Conseil général, laquelle séance doit avoir lieu le 23 mars prochain.

J'aurais le plus grand désir de terminer l'affaire relative à la cession à votre Compagnie, de la concession départementale de Pont-Maugis à Mouzon et à Raucourt, et de profiter pour cela de la prochaine réunion du Conseil général.

Je vous prie en conséquence de vouloir bien me faire connaître le plus tôt possible si vous acceptez les conditions formulées par le Conseil général dans sa séance du 28 novembre dernier, et dans le cas contraire, veuillez me transmettre les propositions que vous croirez devoir présenter.

Agréez, Messieurs, l'assurance de ma considération très-distinguée.

Le *Préfet des Ardennes,*
(Signé) : Tirman.

Annexe XII.

CHEMIN DE FER
DE LA VALLÉE DE LA MEUSE.

———

SEDAN A LÉROUVILLE.

———

A. LEBON ET OTLET.
Concessionnaires.

———

Paris le 5 mars, 1872.

A Monsieur le Préfet des Ardennes.

Monsieur le Préfet,

Nous avons l'honneur de vous accuser réception de votre lettre du 29 février dernier et nous vous prions d'agréer nos excuses pour n'avoir pas encore répondu à votre dépêche du 17 janvier.

Cette dépêche en effet, traitait de questions soulevées par notre lettre, en date du 2 du même mois, et qui sont en ce moment soumises elles-mêmes à l'examen du Ministère des Travaux publics. Nous attendons d'un jour à l'autre une décision officielle à ce sujet et jusqu'à ce que l'Administration supérieure nous ait notifié le parti qu'elle croira devoir prendre, il ne nous paraît pas possible, Monsieur le Préfet, d'arrêter rien de définitif avec le Département des Ardennes.

Nous espérons que vu l'état d'avancement de cette affaire, nous aurons prochainement une solution qui nous permettra d'entrer en pourparlers avec la Commistion départementale, lors de la réunion que vous annoncez pour la fin de ce mois.

Veuillez agréer, etc.,

Les Concessionnaires,

(Signé): A. LEBON ET OTLET.

Annexe XIII.

Mézières, le 21 juin 1872.

CTURE DES ARDENNES

° DIVISION

OBJET

E FER DÉPARTEMENTAUX

de Pont-Maugis
à Mouzon

A Messieurs A. Lebon et Otlet, Concessionnaires du chemin de fer de Sedan à Lérouville.

Messieurs,

J'ai eu l'honneur de recevoir de vous, le 5 mars dernier, une lettre par laquelle vous me faites connaître les motifs qui s'opposent à l'ouverture des négociations tendant à la cession à votre Compagnie, de la ligne d'intérêt local de Pont-Maugis à Mouzon concédée au département et exécutée par lui entre Pont-Maugis et Remilly.

Vous ajoutez que vous avez tout lieu d'espérer la solution prochaine de certaines questions soumises à M. le Ministre des Travaux publics et qui se rattachent à cette partie de votre concession, solution sans laquelle il ne vous paraît pas possible d'arrêter rien de définitif avec le département des Ardennes.

Je viens vous prier de me faire connaître si vous pensez être bientôt en mesure de répondre à mes communications des 17 janvier et 20 février derniers.

Il serait très-désirable que les questions soulevées pussent être tranchées par le Conseil général dans sa prochaine réunion fixée par la loi au 19 août prochain.

Agréez, Messieurs, l'assurance de ma considération très-distinguée.

Le Préfet des Ardennes,
(Signé) : Tirman.

Annexe XIV.

<table>
<tr><td>

CHEMIN DE FER
DE LA VALLÉE DE LA MEUSE.

——

SEDAN A LÉROUVILLE.

——

A. LEBON et OTLET.
Concessionnaires.

——

</td><td>

Paris, le 25 juin 1872.

A Monsieur le Préfet des Ardennes.

</td></tr>
</table>

Monsieur le Préfet,

Nous avons l'honneur de vous accuser réception de votre lettre du 21 courant, et nous sommes heureux de vous informer que notre projet de chemin de fer de Sedan à Lérouville ayant été approuvé par Décret du 17 juin 1872, nous nous trouvons en mesure de traiter définitivement avec le Département des Ardennes la question de la reprise du chemin d'intérêt local de Pont-Maugis à Mouzon.

Nous comptons aller vous visiter à ce sujet, dans un délai très-rapproché, afin de pouvoir établir les bases des conventions sur lesquelles le Conseil général dans sa prochaine session pourra, nous l'espérons, se prononcer.

Veuillez agréer Monsieur le Préfet, l'assurance de notre considération la plus distinguée.

Les Concessionnaires,

(Signé) : A. LEBON et OTLET.

Annexe XV.

DÉCRET PRÉSIDENTIEL.

Le Président de la République Française,

Sur le rapport du Ministre des Travaux publics,

Vu le décret du 19 juin 1868 qui a déclaré d'utilité publique l'établissement du chemin de Lérouville à Sedan et spécialement l'article 1er, § 1er, de ce décret ;

Vu la loi du 18 juillet 1868, relative à l'exécution de plusieurs chemins de fer, notamment de celui de Lérouville à Sedan, sur la ligne des Ardennes ;

Vu le décret du 21 août 1869, déclarant les sieurs André Lebon et Édouard Otlet, définitivement concessionnaires du dit chemin de fer ;

Vu les projets présentés par les Concessionnaires les 18 février 1870 et 25 juillet 1871, pour l'établissement de ce chemin ;

Vu l'avis du Conseil général des Ponts-et-Chaussées, du 26 février 1872 ;

Vu l'adhésion directe donnée par le Ministre de la Guerre, le 29 novembre 1871, au projet de la partie de chemin de fer comprise dans le département des Ardennes ;

Vu l'adhésion directe donnée par le Ministre de la Guerre, le 10 mai 1872, au projet de la partie comprise dans le département de la Meuse, ainsi que la lettre adressée, le 15 du même mois, par les Concessionnaires au Ministre des Travaux publics et constatant l'acquiescement des sieurs Lebon et Otlet aux conditions indiquées par le Ministre de la Guerre ;

La Commission provisoire, chargée de remplacer le Conseil d'Etat, entendue,

DÉCRÈTE :

Article premier. — Le tracé définitif du chemin de fer de Lérouville à la ligne des Ardennes est fixé conformément aux plans annexés au présent décret (1).

Article 2. — L'article 1er, § 1er, du décret sus visé du 19 juin 1868 est rapporté dans celles de ses dispositions qui sont contraires au présent décret.

Article 3. — Le Ministre des Travaux publics est chargé de l'exécution du présent décret, lequel sera inséré au Bulletin des Lois.

Fait à Versailles, le 17 juin 1872.

(Signé) : A. Thiers.

Par le Président de la République :
    Le Ministre des Travaux publics,
      (Signé) : R. de Larcy.

Pour ampliation :
Le Secrétaire Général,
(Signé) : de Boureuille.

(1) Le point d'attache sur la ligne des Ardennes près Sedan, est fixé à Pont-Maugis et la ligne d'intérêt général absorbe le chemin de fer d'intérêt local depuis Pont-Maugis jusqu'à Mouzon. Il ne subsiste plus de ce dernier chemin que l'embranchement de Raucourt.

MINISTÈRE

DES

UX PUBLICS

—

N° 289

Annexe XVI.

MINISTÈRE DES TRAVAUX PUBLICS.

CONSEIL GÉNÉRAL DES PONTS ET CHAUSSÉES.

Extrait du Procès-verbal de la séance du 26 février 1872.

AVIS DU CONSEIL

POUR ÊTRE ANNEXÉ A LA DÉCISION MINISTÉRIELLE DU 26 JUIN 1872.

Le Conseil général des Ponts et Chaussées, après avoir entendu la lecture du rapport qui précède et en avoir délibéré,

Considérant que l'article premier du Décret du 19 juin 1868, conçu en termes formels, ne semble pas laisser place à l'alternative admise dans les conclusions de M. le Rapporteur ;

Qu'il en résulte, sans aucun doute possible, qu'un nouveau décret est nécessaire pour consacrer le nouveau tracé assigné au chemin :

Et qu'il convient en conséquence de mettre les conclusions du rapport en harmonie avec cette dernière manière de voir.

Considérant qu'en raison des limites étroites des modifications apportées à l'assiette du chemin, il ne paraît pas nécessaire de procéder à une nouvelle enquête et que d'ailleurs, l'accomplissement de ces formalités entraînerait des lenteurs qui ne seraient pas sans inconvénient sérieux ;

Considérant, d'un autre côté, que l'exécution d'une grande ligne de Sedan à Lérouville ayant pour conséquence de mettre à néant l'autorisation précédemment donnée au département des Ardennes de construire un chemin de fer d'intérêt local de Pont-Maugis à Mouzon, il s'ensuit qu'il n'y a pas lieu de s'occuper, quant à présent, des prétentions de la Compagnie de l'Est à l'égard du dit Chemin, prétentions qui paraissent mal fondées surtout en présence de l'accord intervenu entre le Département et les Concessionnaires de la ligne principale et que la Compagnie de l'Est au surplus aurait à faire valoir, si elle le jugeait à propos, devant les tribunaux compétents ;

Et adoptant pour le surplus les conclusions de M. le Rapporteur ;

Est d'avis qu'il y a lieu :

1° De provoquer le plus promptement possible un nouveau Décret portant que le chemin de fer projeté restera constamment sur la rive gauche de la Meuse ;

2° D'approuver le projet présenté par les Concessionnaires sous les réserves et aux conditions suivantes :

A. — Sont, provisoirement du moins, exceptées de l'approbation :

Les parties comprises entre la sortie du territoire de Lusy et le point kilométrique 36, puis entre les points kilométriques 46 et 50, parties pour lesquelles la

Compagnie, afin de se rapprocher autant que possible des villes de Stenay et de Dun, devra étudier des variantes de tracé dans le sens des indications données par MM. les Ingénieurs du contrôle ;

La partie qui précède la station de Verdun, à partir de l'entrée du territoire de Thionville, et qui devra faire ultérieurement l'objet de nouvelles conférences avec le génie militaire;

La partie comprise entre les points kilométriques 26 et 29 (numérotage partant de Verdun) pour laquelle la Compagnie devra modifier son tracé, ou le justifier plus complétement par des études comparatives, au point de vue de la gêne pouvant résulter, pour la commune de Bannoncourt, des dispositions de ce tracé et de la station destinée à desservir ce village ;

Et la partie qui précède la station de Lérouville à partir de l'entrée du territoire de Vadonville et qui est subordonnée aux mesures définitives à prendre pour la jonction avec le chemin de fer de Paris à Strasbourg.

B. — Le profil en long sera exhaussé partout où cela sera nécessaire, pour que la plate-forme des terrassements se trouve au moins à 0.50 au-dessus des plus hautes eaux connues; il le sera spécialement à la rencontre de la route départementale n° 1 de la Meuse devant Saint-Mihiel, autant qu'il le faudra pour que cette route soit croisée à niveau, sans être aucunement abaissée.

C. — Dans les parties où le chemin de fer viendra toucher la Meuse navigable, la Compagnie établira un chemin de halage n'ayant pas moins de 3 mètres de largeur, et qui sera en tant que de besoin, protégé par un perré, ou autres ouvrages défensifs, en usage sur cette rivière.

D. — Dans l'étendue ou en dehors de la station provisoire de Verdun, le tracé de la nouvelle ligne continue à se confondre avec celui du chemin de fer de Reims à Metz, la Compagnie établira des voies indépendantes de celles de ce chemin.

E. — Elle sera tenue de délarder le talus de gauche de la tranchée de la côte de Saint-Barthélemy et d'adoucir le talus de droite du déblai suivant, de manière que le chemin de fer dans cette tranchée et le terrain à droite du remblai puissent être battus par les feux de la citadelle de Verdun, le tout conformément aux indications de détail à donner par MM. les officiers de cette place.

F. — Elle demeurera soumise, en ce qui concerne les abords de la place de Sedan, aux réserves exprimées dans la lettre d'adhésion de M. le Ministre de la Guerre, en date du 29 novembre 1871, réserves auxquelles elle a elle-même adhéré dans les conférences.

G. — Toutes questions, spécialement relatives au maintien des communications existantes et du libre écoulement des eaux vers la Meuse, à la construction des ouvrages d'art, à l'emplacement et aux dispositions des stations, sont réservées jusqu'après l'accomplissement des formalités prescrites par le titre II de la loi du 3 mai 1841, de l'enquête spéciale sur les stations et des nouvelles conférences auxquelles doivent être soumis les projets de détail desdits ouvrages d'art et stations.

3° De demander à M. le Ministre de la Guerre de donner son adhésion au projet de tracé et de terrassements dans le département de la Meuse étant exceptée et ajournée la partie comprise entre la station de Verdun et la limite des territoires de Thierville et de Charny, et la Compagnie étant d'ailleurs assujettie à la réserve stipulée ci-dessus sous la lettre E, et à la condition de soumettre à des conférences ultérieures ses projets d'ouvrages d'art et en particulier ceux des stations dans lesquelles MM. les officiers du génie demandent qu'il soit établi des quais spéciaux pour troupes et chevaux ;

4° De prescrire qu'un projet d'agrandissement de la station de Lérouville, pour son affectation à l'usage commun de la nouvelle Compagnie et de celui des chemins de fer de l'Est, sera dressé à bref délai, de concert avec ces deux Compagnies, ou, en cas d'impossibilité de s'entendre, isolément par la nouvelle Compagnie, celle de l'Est étant invitée à présenter, de son côté, le projet des dispositions qu'elle jugerait pouvoir être acceptables, pour que l'établissement des gares séparées donnât une satisfaction suffisante aux intérêts du public ;

5° De faire connaître à M. le Préfet des Ardennes :

D'une part, que les prétentions de la Compagnie de l'Est à conserver, en tous cas, un droit d'exploitation sur le chemin de fer d'intérêt local de Pont-Maugis à Mouzon, sont rejetées par les motifs spécifiés ci-dessus.

Et, d'autre part, que la question relative aux rails de 30 kil. approvisionnés en destination dudit chemin n'est pas susceptible de donner lieu à une difficulté sérieuse, M. le Préfet n'ayant qu'à s'entendre directement à cet égard, avec la Compagnie concessionnaire, qui pourra être autorisée à employer lesdits rails dans les gares ou autres points qui seront déterminés ultérieurement ;

6° Enfin, d'informer la Compagnie que l'approbation des parties du projet non comprises dans les exceptions spécifiées en l'article 2, paragraphe A, est donnée sous les réserves auxquelles elle a déjà adhéré dans les conférences avec les divers services intéressés et de l'inviter en conséquence à procéder aux nouvelles études que comportent certaines de ces exceptions, et à préparer, en tenant compte desdites réserves, les plans destinés à l'enquête spéciale sur l'emplacement des stations et les plans parcellaires concernant les communes auxquelles les exceptions ne s'appliquent pas.

Annexe XVII.

DÉCISION MINISTÉRIELLE

Versailles, le 26 juin 1872.

À Monsieur le Préfet des Ardennes.

E DES ARDENNES

3 J E T :

S TRAVAUX PUBLICS

IN DE FER
ville à Sedan

N V O I
ATION D'UN DÉCRET
7 JUIN 1872

ation du tracé
ements de la partie
rise dans le
nt des Ardennes

Monsieur le Préfet,

Monsieur votre collègue du département de la Meuse m'a transmis, avec vos observations, le 13 janvier dernier, le dossier de l'instruction [à laquelle a été soumis le projet du tracé et des terrassements du chemin de fer de Lérouvilleà Sedan.

L'article 1er du décret du 19 juin 1868, qui a déclaré d'utilité publique l'établissement du chemin de fer de Lérouville à la ligne des Ardennes, porte qu'un décret rendu en Conseil d'État statuera sur le tracé définitif de ce chemin.

Le dossier de l'affaire a été communiqué en conséquence à la Commission provisoire chargée de remplacer le Conseil d'État, et il est intervenu, à la date du 17 juin courant, un décret de M. le Président de la République, dont vous trouverez ci-joint une ampliation, ledit décret portant que le tracé définitif du chemin de fer de Lérouville à la ligne des Ardennes est fixé conformément aux plans présentés par les concessionnaires.

D'après ce décret, le chemin de fer de Lérouville à Sedan doit être maintenu constamment sur la rive gauche de la Meuse et raccordé au chemin de fer des Ardennes à la station de Pont-Maugis.

Dans votre lettre du 10 janvier dernier, vous faites remarquer, Monsieur le Préfet, que le tracé indiqué par les Concessionnaires se confond avec celui du chemin de fer d'intérêt local de Pont-Maugis à Mouzon. Vous ajoutez que le Conseil Général de votre département a déclaré renoncer à la concession de ce dernier chemin, et vous a autorisé à traiter avec la Compagnie du chemin de fer de Lérouville à Sedan pour la reprise du chemin de fer d'intérêt local. Vous faites connaître à ce sujet, que les travaux de ce dernier chemin sont exécutés entre Pont-Maugis et Remilly et qu'ils satisfont à toutes les clauses du cahier des charges de la grande ligne, si ce n'est que les rails ne pèsent que 30 kilogrammes par mètre courant. Vous demandez que la Compagnie du chemin de fer de Lérouville à Sedan soit autorisée à utiliser la voie ainsi constituée, cette autorisation étant une des conditions du rachat de la ligne d'intérêt local de Pont-Maugis à Mouzon.

La compagnie des chemins de fer de l'Est est intervenue, de son côté, pour demander qu'il fut fait toutes réserves en ce qui concerne les droits qui résultent pour elle du traité qu'elle a passé avec le Département des Ardennes pour l'exploitation du chemin de fer d'intérêt local de Pont-Maugis à Mouzon.

M. le Ministre de la Guerre m'a d'ailleurs fait connaître, par une lettre du 29 novembre dernier, que, sur la proposition du Comité des fortifications, il donnait, en ce qui concerne le Département de la Guerre, son adhésion directe au projet de la partie du chemin de fer de Lérouville à Sedan comprise dans le Département des Ardennes, sous les réserves posées par le Commandant du Génie, savoir: « que le tracé » pour la partie située aux abords de Sedan ne sera adopté qu'à titre provisoire et » que la Compagnie s'engagera à y faire les modifications qui pourraient devenir né- » cessaires, soit que le Ministre de la Guerre jugeât utile d'adopter pour la gare défini- » tive de Sedan un emplacement nouveau, soit que ce tracé fût reconnu plus tard » incompatible avec les nouvelles nécessités de la dépense de la place. »

La Compagnie a adhéré, dans les conférences, à ces dernières réserves.

J'ai l'honneur de vous informer qu'après examen de l'affaire en Conseil général des Ponts-et-Chaussées et conformément à l'avis de ce Conseil, j'ai approuvé, par décision de ce jour, le projet du tracé et des terrassements de la partie du chemin de fer de Lérouville à Sedan, comprise dans le département des Ardennes, sous les réserves mentionnées dans l'adhésion de M. le Ministre de la Guerre du 29 novembre dernier, et, en outre, sous les conditions suivantes :

1° Le profil en long sera exhaussé partout où cela sera nécessaire, pour que la plate-forme des terrassements se trouve au moins à 0^{m}50 au-dessus des plus hautes eaux connues ;

2° Dans les parties où le chemin de fer viendra toucher la Meuse navigable, la Compagnie établira un chemin de halage n'ayant pas moins de 3 mètres de largeur, et qui sera, en tant que de besoin, protégé par un perré ou autres ouvrages défensifs en usage sur cette rivière ;

3° L'approbation du projet présenté est donné sous les réserves auxquelles la Compagnie a adhéré dans les conférences avec les divers services intéressés ; la Compagnie sera invitée en conséquence à préparer, en tenant compte desdites réser- ves, les plans destinés à l'enquête spéciale sur l'emplacement des stations, ainsi que les plans parcellaires ;

4° Toutes questions spécialement relatives au maintien des communications exis- tantes et du libre écoulement des eaux vers la Meuse, à la construction des ouvrages d'art, à l'emplacement et aux dispositions des stations sont réservées jusqu'après l'accomplissement des formalités prescrites par le titre II de la loi du 3 mai 1841, de l'enquête spéciale sur les stations et des nouvelles conférences auxquelles devront être soumis les projets de détail desdits ouvrages d'art et stations.

Quant à ce qui concerne le chemin de fer d'intérêt local de Pont-Maugis à Mouzon avec embranchement sur Raucourt, le Département des Ardennes paraît avoir l'intention de demander à être déchargé de l'engagement qu'il a pris de cons- truire la partie du dit chemin comprise entre Pont-Maugis et Mouzon, dont le tracé se confond avec celui du chemin de fer d'intérêt général de Lérouville, à la ligne des Ardennes. — Une demande devra être présentée à cet effet par le Conseil géné- ral du Département et l'affaire sera régularisée au moyen d'un Décret qui statuera sous toutes réserves du droit des tiers, notamment de ceux qui peuvent résulter pour la Compagnie des chemins de fer de l'Est, du traité qu'elle a passé avec le département, pour l'exploitation du chemin de fer d'intérêt local de Pont-Maugis à Mouzon et à Raucourt.

Je dois ajouter que la question relative aux rails de 30 kilogrammes approvisionnés en destination du chemin de fer d'intérêt local de Pont-Maugis à Mouzon n'est pas susceptible de donner lieu à une difficulté sérieuse. Vous n'aurez qu'à vous entendre directement, à cet égard, avec la Compagnie concessionnaire du Chemin de fer de Lérouville à Sedan, qui pourra être autorisée à employer lesdits rails dans les gares ou autres points qui seront déterminés ultérieurement.

Je vous prie de donner connaissance de la présente à M. l'Ingénieur en chef du service du contrôle, aux concessionnaires du Chemin de fer de Lérouville à Sedan, ainsi qu'à la Compagnie de l'Est, et d'en assurer l'exécution en ce qui vous concerne.

Vous trouverez ci-joint, revêtue de mon visa, une des expéditions du projet approuvé. Vous voudrez la transmettre le plus promptement possible à M. l'Ingénieur en chef Duméril.

Recevez, etc.

Le Ministre des Travaux publics,

Pour le Ministre et par autorisation :

Le Directeur Général des Ponts et Chaussées et des Chemins de fer,

(Signé) : FRANQUEVILLE.

Pour copie conforme :
Le Secrétaire général,
(Signé) : D'AUVERGNE.

Annexe XVIII.

CHEMIN DE FER

DE LA VALLÉE DE LA MEUSE

———

SEDAN A LÉROUVILLE

———

A. LEBON et OTLET

Concessionnaires

———

Paris, le 8 août 1872.

A Monsieur le Préfet des Ardennes.

Monsieur le Préfet,

Nous avons reçu par l'intermédiaire de M. le Préfet de police, notification de la dépêche que vous a adressée de Versailles Son Exc. M. le Ministre des Travaux publics, à la date du 26 juin dernier.

Par cette dépêche, Son Excellence vous transmet une ampliation du Décret rendu le 17 juin dernier par Monsieur le Président de la République, sur l'avis de la Commission provisoire chargée de remplacer le Conseil d'État et conformément aux dispositions de l'article 1er du décret impérial du 19 juin 1868.

D'après ce décret, le chemin de fer d'intérêt général de Sedan à Lérouville doit être maintenu constamment sur la rive gauche de la Meuse et raccordé au chemin de fer des Ardennes à la station de Pont-Maugis. Il absorbe donc complétement le chemin de fer de Pont-Maugis à Mouzon dont l'utilité publique a été déclarée et que le Département des Ardennes a été autorisé à exécuter comme chemin de fer d'intérêt local, par décret impérial du 9 novembre 1867.

Par cette même dépêche Son Excellence vous fait connaître la Décision par laquelle, sur l'avis du Conseil général des ponts et chaussées, elle approuve le projet définitif du tracé et des terrassement du chemin de fer de Lérouville à Sedan, lequel d'ailleurs, avait été concerté entre M. le Directeur des Chemins de fer départementaux des Ardennes et les Ingénieurs de la ligne de Sedan à Lérouville.

En conséquence de cette dépêche nous avons l'honneur de vous prier, Monsieur le Préfet, de vouloir bien vous pourvoir le plus tôt possible auprès de Son Exc· M. le Ministre des Travaux publics et d'après ses propres indications, pour être déchargé du chemin de fer d'intérêt local de Pont-Maugis à Mouzon auquel vient se substituer le chemin de fer d'intérêt général de Sedan à Lérouville.

De notre côté, nous nous tenons à votre disposition, M. le Préfet, pour arrêter le compte des dépenses faites par le Département des Ardennes sur la ligne de Pont-Maugis à Mouzon et pour arriver à cet égard à une solution satisfaisante et rapide, nous venons vous proposer de désigner soit M. l'Ingénieur en chef du Service du Contrôle du chemin de fer de Sedan à Lérouville, soit M. l'Ingénieur en chef du Service ordinaire du Département des Ardennes pour trancher souverainement tous les désaccords qui pourraient s'élever à l'occasion de ce règlement de compte entre M. le Directeur des Chemins de fer départementaux des Ardennes et l'Ingénieur Directeur des travaux du chemin de fer de Sedan à Lérouville.

Nous vous prions, Monsieur le Préfet, d'agréer une nouvelle assurance de nos sentiments respectueux.

Les Concessionnaires,
(Signé) : A. LEBON et OTLET.

Annexe XIX.

Paris, 22 août 1872.

A Monsieur le Préfet des Ardennes.

Monsieur le Préfet,

Nous avons l'honneur de vous confirmer notre lettre du 8 août courant, par laquelle nous vous avons prié de vous pourvoir le plus tôt possible auprès de M. le Ministre des Travaux publics et conformément à ses propres indications, afin d'être déchargé du chemin de fer d'intérêt local de Pont-Maugis à Remilly et à Mouzon, auquel vient se substituer le chemin de fer d'intérêt général de Sedan à Lérouville.

Dans le cas où il vous conviendrait, Monsieur le Préfet, de faire également décharger le département des Ardennes de l'embranchement de Remilly à Raucourt, qu'il paraît bien difficile, sinon impossible, de distraire du sort de la ligne de Pont-Maugis à Remilly et à Mouzon, nous venons prendre l'engagement de nous charger à forfait de l'exploitation de cet embranchement, qui deviendrait alors, comme la ligne de Pont-Maugis à Remilly et à Mouzon, partie intégrante de la ligne d'intérêt général de Sedan à Lérouville, serait régie par le même cahier des charges et soumise au même contrôle et à la même surveillance.

Dans ce système, le département des Ardennes devrait nous livrer l'embranchement de Remilly à Raucourt, entièrement terminé, quitte et libre de toute dette et charge quelconque et prêt à être exploité (sauf le matériel roulant, dont la fourniture nous incomberait), sans qu'aucune somme dépensée de ce chef soit par nous remboursable au département.

Tandis qu'au contraire nous devons lui rembourser toutes les sommes dépensées sur la ligne de Pont-Maugis à Remilly et à Mouzon, suivant le règlement arrêté, comme l'indique notre lettre du 8 août, que nous prenons la liberté de vous confirmer et de vous rappeler à cet égard.

Mais, tous ces arrangements, aussi bien ceux qui concernent la ligne de Pont-Maugis à Remilly et à Mouzon, que ceux qui concernent la ligne de Remilly à Raucourt sont conclus sous cette condition unique mais expresse, que la Compagnie de l'Est abandonnera la convention des 1-11 octobre 1866, annexée au décret du 9 novembre 1867, pour ce qui concerne seulement la ligne de Pont-Maugis à Raucourt et à Mouzon.

Et dans le cas peu probable où, malgré la force des choses et nos désirs communs convergents avec le concours de Son Exc. M. le Ministre des Travaux publics, la Compagnie de l'Est ne voudrait point gracieusement consentir à cet abandon, qui cependant ne paraît pouvoir lui causer aucun dommage d'aucune sorte, les choses resteraient en l'état jusqu'à décision contraire à prendre par l'Administration supérieure.

Veuillez agréer, Monsieur le Préfet, une nouvelle assurance de nos sentiments respectueux.

Les Concessionnaires,
(Signé) : A. Lebon et Otlet.

ANNEXE XX.

Extrait des procès-verbaux du Conseil général des Ardennes.

SESSION DE 1872.

Séance du 22 août.

CHEMIN DE FER DE SEDAN A LÉROUVILLE.

La parole est continuée à M. Riché, pour un rapport sur le chemin de fer de Sedan à Lérouville.

« Le décret du 9 novembre 1867 a concédé au département un chemin de fer s'embranchant à Pont-Maugis (sur la ligne de l'Est, de Sedan à Thionville) allant de Pont-Maugis à Mouzon, et ayant un embranchement par Remilly, sur Raucourt.

» Est incorporé à ce décret, un traité fait avec la Compagnie de l'Est, qui se charge de l'exploitation des chemins de fer concédés par ledit Décret.

» Il faut remarquer surtout les articles 3 et 11 de notre convention avec l'Est. La Compagnie déclare à plusieurs reprises qu'elle n'entend faire aucun bénéfice; qu'elle l'exploite pour nous, à nos profits et risques. elle n'entend être remboursée que de ses dépenses; enfin il. nous est permis de retarder à volonté l'exécution de l'un ou de l'autre de ces chemins, ce qui montre encore combien la Compagnie est peu empressée de les exploiter. Elle a entendu vous être utile ; ce qui n'était pas indifférent à ses propres intérêts, en ce sens que la Compagnie, en nous rendant un service, nous aidait à créer des affluents à ses lignes.

» D'un autre côté ce service nous était nécessaire, parce que nous ne trouvions pas alors de Compagnie qui nous offrît de se charger de l'exploitation à forfait.

» Nous avons exécuté une partie de la ligne vers Mouzon, et tout l'embranchement de Raucourt.

» Sur ces entrefaites s'est formée une Compagnie qui a obtenu une concession d'intérêt général, allant de Lérouville (ligne de l'Est), aboutir à Pont-Maugis (ligne de l'Est), par la vallée de la Meuse.

» Un décret du 17 juin 1872, déterminant le tracé, a donné à la Compagnie de Lérouville le droit de faire de Mouzon à Pont-Maugis précisément ce qui nous avait été accordé par le Décret de 1867.

» Le Gouvernement, s'exonérant ainsi du concours qu'il devait à notre chemin, a sans doute présumé que le Département trouverait ses intérêts satisfaits par l'exécution de la ligne ; mais s'il a présumé notre assentiment, il ne s'en est pas assuré, en nous appelant.

» Depuis, le Gouvernement a semblé nous inviter à demander la décharge de notre concession, sans se préoccuper de la suite de nos rapports avec la Compagnie de l'Est.

» Selon nous, le texte et l'esprit de notre traité avec la Compagnie de l'Est, constatent un service que cette Compagnie rend au Département; mais avec exclusion pour celle-ci de toute idée de bénéfice résultant de l'exploitation. Elle ne pourrait donc, si par notre faute ce traité n'était pas exécuté, nous réclamer de dommages-intérêts, car il ne peut être dû d'indemnités à celui qui ne devait avoir aucun bénéfice. Elle ne pourrait même réclamer aucune indemnité, sous prétexte que les chemins affluents à sa ligne ne se feront pas, puisqu'ils sont faits, ou se feront. Ces réclamations n'auraient donc aucun motif digne d'elle. C'est ce que nous avons déjà établi dans des rapports antérieurs. Ajoutons aujourd'hui que si le Décret qui nous dépouille au profit de Lérouville, devait·être considéré comme un cas de force majeure, *un fait du prince*, contre lequel nous dussions réclamer, ce fait nous dégagerait de toute obligation envers la Compagnie de l'Est.

» Du reste, ce n'est pas pour l'honneur des principes que nous établissons notre situation légale, car la Compagnie de l'Est ne nous a jamais dit qu'elle voulût à l'avenir réclamer comme un avantage pour elle ce qu'elle nous a accordé comme un service pour nous, et altérer ainsi la juste reconnaissance que nous lui avons vouée. Ses ingénieurs ont même dit dans des conférences officielles avec les ingénieurs de Lérouville, qu'elle se prêterait à tous les arrangements qui seraient réclamés par le département des Ardennes.

» Mais enfin la prudence, même la plus exagérée, est le devoir d'une Assemblée comme la nôtre. Nous ne pouvons admettre que du décret de 1867, qui nous donnait un chemin, il ne nous reste que l'éventualité d'un procès civil ou administratif avec la Compagnie de l'Est.

» Tel n'est pas, nous sommes autorisés à le croire, le désir de la Compagnie de Lérouville, ni celui du Ministère, dont les intentions pour nous ont toujours été bienveillantes.

» La Compagnie de Lérouville n'a pas paru jusqu'à présent désirer de se substituer à nos relations avec la Compagnie de l'Est, comme le fait la Compagnie Des roches, si nous lui donnons à exploiter nos petits chemins. Mais elle offre de reprendre nos droits sur le Pont-Maugis à Remilly et Mouzon, et même sur l'embranchement de Raucourt, bien entendu en payant les sommes dépensées par nous sur la ligne de Pont-Maugis à Remilly et Mouzon.

» Le Ministère paraît disposé à s'entendre avec la Compagnie de l'Est pour l'abrogation entière du Décret de 1867, en ce qui la concerne relativement au Pont-Maugis-Mouzon–Raucourt.

» On nous demande seulement de nous expliquer d'une manière qui permette au Gouvernement d'agir en ce sens.

» Rien n'est plus simple pour nous : il s'agit seulement de prendre une attitude conservatoire de nos droits. »

M. Toupet des Vignes demande qu'il soit bien entendu que dans le cas de la cession par le Département à la Compagnie de Lérouville, de l'embranchement de Pont-Maugis à Mouzon et à Raucourt, les communes restent complétement désintéressées vis-à-vis de cette Compagnie.

M. Riché répond que, dans la pensée de la Commission, il doit en être ainsi : que les communes ne sont tenues que vis-à-vis du Département; d'ailleurs la Commission attend la réponse de la Compagnie de Lérouville, acquiesçant aux conditions qui ont été posées; et la dernière partie des conclusions expose un acquiescement qui est convenu, et sur lequel il n'y a rien de dit ni de fait.

M. Hablot demande l'ajournement de la lecture des conclusions, jusqu'à réception de la lettre de la Compagnie, laquelle pourrait contenir de nouvelles propositions.

M. Riché adhère.

M. le Président consulte le Conseil général sur la proposition d'ajournement par M. Hablot.

La discussion est renvoyée à samedi.

Annexe XXI.

Extrait des procès-verbaux du Conseil général des Ardennes.

Deuxième session de 1872.

Séance du 24 août 1872.

CHEMIN DE FER DE SEDAN A LÉROUVILLE.

Le Conseil général,

Vu la lettre écrite au nom de la Compagnie de Lérouville, en date du 22 août 1872;

Renonce à toute réclamation fondée sur le Décret du 9 novembre 1867, contre toute altération des droits que lui confère ledit Décret sur la ligne de Pont-Maugis à Mouzon; mais cette renonciation est subordonnée aux conditions suivantes :

Qu'il y aura abrogation de ce décret et du traité y annexé en tout ce qui lieraif le département à la Compagnie de l'Est, relativement au chemin de Pont-Maugis; soit que le Gouvernement prononce l'abrogation entière du Décret et de l'annexe relativement audit chemin, en devenant responsable des conséquences vis-à-vis de la Compagnie de l'Est, soit que la Compagnie de Lérouville se charge vis-à-vis du Département de cette responsabilité, soit que la Compagnie de l'Est déclare qu'elle n'entend invoquer contre le Département ou ses ayants cause aucune des clauses stipulant que cette Compagnie exploitera les chemins de Pont-Maugis à Mouzon et à Raucourt;

Que la Compagnie de Lérouville sera, suivant ses offres, Cessionnaire des droits du département sur les chemins de Pont-Maugis à Mouzon et à Raucourt, sans pouvoir réclamer ce que des communes ou des particuliers ont versé au département ou doivent lui verser à titre de fonds de concours, qui n'est dû par ces communes ou particuliers qu'au département; moyennant encore que la Compagnie fera à Remilly la gare que le département projetait de construire; — et moyennant enfin que la Compagnie paiera au département une indemnité égale aux sommes dépensées sur la ligne de Pont-Maugis à Remilly et à Mouzon, lesquelles seront reconnues par des mandataires désignés conformément aux arrangements intervenus entre la Compagnie de Lérouville et le Préfet.

Pour extrait :

Le Conseiller de Préfecture,

(*Signé*) : GODRON.

Annexe XXII.

PRÉFECTURE DES ARDENNES

Mézières, le 25 août 1872.

TRAVAUX PUBLICS

A Monsieur le Ministre des Travaux publics.

CHEMIN DE FER
de Lérouville à Sedan

Monsieur le Ministre,

J'ai reçu la dépêche du 26 juin dernier par laquelle vous me faites connaître la décision que vous avez prise concernant le projet du tracé et des terrassements de la partie du chemin de fer de Lérouville à Sedan, comprise dans le département des Ardennes.

J'ai donné à cette décision la suite nécessaire.

J'ai l'honneur de vous transmettre une expédition de la délibération prise à la date d'hier par le Conseil général des Ardennes, concernant le chemin de fer d'intérêt local de Pont-Maugis à Mouzon, absorbé définitivement par la ligne d'intérêt général de Sedan à Lérouville.

Je joins à cette délibération, pour sa complète intelligence, une copie des deux lettres que les Concessionnaires de cette ligne m'ont adressées les 8 et 22 août courant.

J'ose espérer, ainsi que le Conseil général des Ardennes, que vous amènerez une entente désirable à tous les points de vue et une solution qui mette fin à toutes les difficultés qui jusqu'ici ont rendu cette affaire inextricable.

Je suis, etc.

Le Préfet des Ardennes,

(Signé) : Tirman.

Annexe XXIII.

Mézières, le 25 août 1872.

RÉFECTURE

ARDENNES

—

CABINET

A MM. A Lebon et Otlet, Concessionnaires de la ligne de Sedan à Lérouville.

Messieurs,

J'ai reçu vos lettres des 8 et 22 août courant.

En réponse à la première de ces lettres j'ai l'honneur de vous adresser sous ce pli, en même temps qu'à Son Exc. le Ministre des travaux publics, une ampliation de la délibération prise hier par le Conseil général des Ardennes, concernant le chemin de fer de Pont-Maugis à Raucourt et à Mouzon,

Et de vous informer que j'ai choisi M. Colle, ingénieur en chef du service ordinaire du Département, pour trancher souverainemeut les désaccords qui pourraient s'élever entre M. l'Agent-voyer en chef, Directeur des chemins de fer départementaux, et M. l'Ingénieur, Directeur des travaux de la ligne de Sedan à Lérouville, au sujet du règlement du compte des dépenses faites sur le chemin de fer de Pont-Maugis à Mouzon.

En réponse à la seconde de ces lettres, je ne puis que m'en référer à la décision du Conseil général, qui servira de base à la convention à intervenir entre nous, soit lorsque la Compagnie des chemins de fer de l'Est aura renoncé entre les mains de Son Exc. le Ministre des travaux publics, à la convention des 1er-11 octobre 1866, en ce qui concerne le chemin de fer de Pont-Maugis à Raucourt et à Mouzon, soit lorsque le Décret du 9 novembre 1867 aura été abrogé en ce qui concerne le même chemin.

Veuillez agréer, Messieurs, l'assurance de ma considération très-distinguée.

Le Préfet des Ardennes,
(Signé) : Tirman.

Annexe XXIV.

Paris, le 27 août 1872.

CHEMIN DE FER
DE LA VALLÉE DE LA MEUSE.

———

SEDAN A LÉROUVILLE

———

A. LEBON ET OTLET
Concessionnaires

———

A Son Excellence Monsieur le Ministre des Travaux publics.

Monsieur le Ministre,

Nous avons reçu de M. le Préfet des Ardennes, notification de la dépêche de Votre Excellence, en date du 26 juin dernier, portant approbation du projet définitif du tracé et des terrassements de la ligne de Sedan à Lérouville.

Appuyés du concours bienveillant et sous les auspices de M. le Directeur général des Chemins de fer, nous nous sommes efforcés d'amener le Conseil général des Ardennes à se désintéresser absolument du chemin de fer de Pont–Maugis à Remilly et à Mouzon, absorbé définitivement par la ligne de Sedan à Lérouville, en vertu du Décret du 17 juin dernier.

Nous y avons réussi, moyennant un sacrifice, la prise à charge à forfait de l'embranchement départemental de Remilly à Raucourt, dont nous avons stipulé le retour à l'Etat et l'annexion à la grande ligne de Sedan à Lérouville.

Par une lettre du 26 août courant, M. le Préfet nous informe qu'il adresse à Votre Excellence une expédition de la délibération du Conseil général des Ardennes, et une copie des deux lettres que nous lui avons adressées à ce sujet.

Il ne reste donc plus pour mettre complétement les choses en place dans cette affaire, qu'à obtenir de la Compagnie des chemins de fer de l'Est sa renonciation à la convention des 1–11 octobre 1866, annexée au décret du 9 novembre 1867, en ce qui concerne seulement le chemin de Pont-Maugis à Mouzon et à Raucourt.

Pour aider Votre Excellence à obtenir cette renonciation gracieuse, nous lui adressons le rapport présenté à ce sujet au Conseil général des Ardennes par la Commission des routes, et nous prenons la liberté de lui faire remarquer que si, en dehors d'un intérêt financier, qui ne peut pas exister aux termes mêmes de la Convention, la Compagnie des chemins de fer de l'Est résistait aux efforts de Votre Excellence, excipant de quelque intérêt d'un autre ordre, il y a lieu de faire valoir. Que la ligne de Sedan à Lérouville n'est point née d'une idée de concurrence, car le projet est dû à l'initiative de l'Etat. Son exécution a toujours été considérée comme nécessaire à des intérêts sérieux et respectables.

Elle a été d'abord offerte à la Compagnie de l'Est qui l'a refusée, malgré une subvention de 13,500,000 francs, dont elle était dotée.

Après ce refus elle a été adjugée à des concessionnaires qui l'on soumissionnée sans aucune pensée de concurrence, pensée qu'excluent d'ailleurs le tracé même de la ligne, sa direction et sa situation, par rapport aux lignes de l'Est, dont elle constitue un affluent précieux.

Son tracé définitif entre Mouzon et Pont-Maugis, qui crée la situation antagonique actuelle avec le chemin départemental est l'œuvre des enquêtes et une conséquence des besoins de la défense nationale que les récents événements font parler si haut.

Nous ne doutons pas, Monsieur le Ministre, que de telles raisons exposées par Votre Excellence, avec l'autorité qui n'appartient qu'à Elle, ne détermine, de la part de la Compagnie de l'Est, le désistement qui manque seul désormais au dénoûment heureux d'une situation autrement inextricable.

Quant à nous, Monsieur le Ministre, dont le cahier des charges ne contient rien qui ressemble à l'obligation de supporter l'exploitation de notre ligne par un tiers, et à qui l'État la doit sans aucune servitude de cette nature, nous avons, dans l'intérêt de la seule solution sage et pratique qui se présente, fait un sacrifice assez lourd, en prenant à forfait l'exploitation de l'embranchement de Remilly à Raucourt, pour obtenir la renonciation du Département à tous ses droits, et nous vous déclarons encore et vous autorisons à déclarer en notre nom que loin de nourrir des idées de concurrence avec la Compagnie des chemins de fer de l'Est, dans le réseau de laquelle nous nous trouvons intercalés, nous espérons, au contraire, vivre en complet accord avec elle.

Nous sommes avec respect,

Monsieur le Ministre,

De Votre Excellence,

Les très-humbles et très-obéissants serviteurs,

Les concessionnaires,

A. LEBON et OTLET.

Annexe XXV.

Mézières, 27 juin 1872.

A Monsieur H. Willems, Ingénieur-Directeur du chemin de fer de Sedan à Lérouville.

Les documents que je puis mettre à votre disposition concernant le tracé de Remilly à Mouzon (10 k. 4 h. chiffre rond) comprennent :

1° Un plan parcellaire minute avec les états d'emprise également en minute;

2° Les projets minutes des ouvrages d'art, avec le profil en long et les profils en travers.

Ces documents m'appartiennent en propre, le Département ne me les a pas payés. Ils représentent pour moi une dépense de 2,472 fr. 70 savoir :

1° Plan parcellaire et documents à l'appui...................Fr. 1,638 30

2° Profils en long et en travers, et projets avec métrages........   834 40

Soit en total..........Fr. 2,472 70

Je suis tout prêt à vous céder ces documents en toute propriété, moyennant le remboursement de la somme ci-dessus indiquée.

Veuillez me faire tenir votre réponse de suite, et agréer, etc.

(Signé) : MIALARET.

Verdun, 13 juillet 1872.

A Monsieur Mialaret, Ingénieur-Directeur des chemins de fer départementaux des Ardennes.

Nous avons l'honneur de vous informer que nous tenons à votre disposition, à Verdun, la somme de 2,472 fr. 70 c., montant de la fourniture des plans vous appartenant et consistant en :

1° Les projets minutes des ouvrages d'art avec profil en long et profils en travers ;

2° Un plan parcellaire minute;

Plans projetés pour le chemin de fer d'intérêt local de Pont-Maugis à Mouzon, partie comprise entre Remilly et Mouzon.

Recevez, Monsieur, etc.,

L'Ingénieur-Directeur des travaux,

(Signé) : H. WILLEMS.

Mézières, le 17 juillet 1872.

A Monsieur H. Willems, Ingénieur, Directeur du Chemin de fer
de Sedan à Lérouville.

Monsieur,

J'ai l'honneur de vous informer que je remets ce jour à MM. Claude Lafontaine et fils et Prevost Martinet et Cie, banquiers à Charleville, un reçu de fr. 2,472 70 c., qu'ils se chargent de toucher à la caisse de MM. Lebon et Otlet, à Verdun. Cette somme est celle dont vous m'annoncez la disposition par votre lettre du 13 de ce mois.

Agréez, etc.

(Signé) : MIALARET.

Reçu de MM. Lebon et Otlet, Concessionnaires du chemin de fer de la Vallée de la Meuse, 58, rue Saint-Sauveur, à Verdun, la somme de deux mille quatre cent soixante-douze francs, soixante-dix centimes.

Mézières, 17 juillet 1872.

(Signé) : MIALARET.

Annexe XXVI.

CHEMIN DE FER
DE LA VALLÉE DE LA MEUSE

———

SEDAN A LÉROUVILLE

———

A. LEBON ET OTLET
Concessionnaires

———

A Monsieur le Préfet des Ardennes.

Les soussignés A. Lebon et Otlet, Concessionnaires du chemin de fer de Sedan à Lérouville déclarent par le présent accepter dans toute sa teneur la délibération prise par le Conseil général du Département des Ardennes dans sa séance du 24 août 1872, relativement à la ligne de Pont-Maugis à Mouzon et à Raucourt, et, quant au règlement du compte avec le département, ils s'en réfèrent à leur lettre à Monsieur le Préfet des Ardennes en date du 22 août 1872.

En conséquence, ils prient Monsieur le Préfet, de leur donner acte de la présente acceptation.

Paris, 24 janvier 1872.

(Sur papier timbré.)

Les Concessionnaires,
(Signé) : A. LEBON ET OTLET.

Annexe XXVII.

PRÉFECTURE
DES ARDENNES

Cabinet

Mézières, le 28 janvier 1873.

A MM. A. Lebon et Ollet, Concessionnaires du chemin de fer de Sedan à Lérouville.

Messieurs,

J'ai reçu la déclaration que vous m'avez adressée et de laquelle il résulte que vous acceptez, dans toute sa teneur, la délibération du Conseil général du 24 août 1872, relative à la ligne de Pont-Maugis à Mouzon et à Raucourt.

D'après les paroles qui ont mis fin à l'entretien que nous avons eu dernièrement sur cette affaire, je pensais avoir l'avantage de vous revoir. Je vous aurais fait connaître, si j'avais été favorisé de votre visite, que j'avais cru devoir consulter M. le Rapporteur de l'affaire au Conseil général, en situation, mieux que personne, d'établir bien nettement la portée de la décision du 24 août dernier.

Il résulte de cet examen approfondi de la question que, dans la pensée du Conseil général, le chemin ne peut vous être remis qu'après abrogation du Décret de la concession faite au département de la ligne dont il s'agit, ainsi qu'il résulte expressément du deuxième alinéa de la délibération.

En outre, que si les alternatives proposées par lui pour arriver à obtenir cette abrogation sont possibles, il a le droit de choisir celle qui lui conviendra le mieux.

Et enfin, que si celle par laquelle le Conseil général vous demande de garantir le Département contre toute éventualité, doit se réaliser, ce Conseil a seul pouvoir puisqu'il n'a délégué cette mission ni au Préfet, ni à la Commission départementale, pour définir la portée de votre responsabilité et régler les conditions accessoires de la reprise du chemin.

Dans l'opinion de M. le Rapporteur, la responsabilité de la Compagnie de Lérouville doit s'étendre au cas où, par suite de la rupture du traité d'exploitation avec l'Est, les petites lignes non concédées se trouveraient ne plus pouvoir jouir du bénéfice de ce traité.

En conséquence, j'ai l'honneur de vous informer que je vais reprendre immédiatement les négociations entamées avec l'État d'une part, et la Compagnie de l'Est d'autre part, pour obtenir une réponse catégorique et définitive sur les deux alternatives qui concernent chacun d'eux.

J'espère pouvoir mettre le Conseil général en situation de se prononcer en toute connaissance de cause, et de demander l'abrogation du Décret, lors de sa prochaine réunion du mois d'avril prochain. Ce n'est qu'après la décision du Conseil général qu'il me sera possible de vous faire la remise du chemin.

Agréez, Messieurs, l'assurance de ma considération très-distinguée.

Le Préfet des Ardennes,
(Signé) : TIRMAN.

ANNEXE XXVIII.

CHEMIN DE FER
DE LA VALLÉE DE LA MEUSE

—

SEDAN A LÉROUVILLE

—

A. LEBON ET OTLET
Concessionnaires

—

Paris, le 10 février 1873.

A Monsieur le Préfet des Ardennes.

Monsieur le Préfet,

Nous avons reçu votre lettre du 28 janvier dernier, par laquelle vous voulez bien nous informer que vous allez reprendre immédiatement les négociations entamées avec l'État d'une part, et la Compagnie de l'Est d'autre part, pour obtenir une réponse catégorique et définitive sur les deux alternatives qui concernent chacun d'eux dans la délibération prise par le Conseil général le 24 août dernier.

Nous avons l'honneur de vous informer que nous allons joindre nos efforts aux vôtres pour obtenir du Gouvernement l'abrogation, sans aucune réserve pour les tiers, du Décret du 9 novembre 1867, ensemble de la convention des 1 et 11 octobre 1866, en ce qui concerne seulement le chemin de fer de Pont-Maugis à Mouzon et à Raucourt.

Toutefois, nous devons vous faire observer, Monsieur le Préfet, que cette solution, bien qu'elle soit la plus désirable, n'est cependant qu'une de celles admises par le Conseil général et que notre Déclaration du 24 janvier 1873, acceptant dans toute sa teneur la délibération du 24 août 1872, constitue un engagement synallagmatique sur lequel il ne nous paraît pas possible de revenir, et nous attendons, Monsieur le Préfet, que l'arrêté de compte nous soit transmis pour le solder.

Veuillez agréer, Monsieur le Préfet, une nouvelle assurance de notre considération respectueuse.

Les Concessionnaires,

(Signé) : A. LEBON ET OTLET.

Annexe XXIX.

CHEMIN DE FER
VALLÉE DE LA MEUSE

...AN A LÉROUVILLE

...LEBON et OTLET
Concessionnaires.

Paris, le 11 février 1873.

A Monsieur le Ministre des Travaux publics.

Monsieur le Ministre,

Nous avons eu depuis longtemps déjà l'occasion d'appeler votre bienveillante attention sur la situation créée dans le département des Ardennes par la concomitance du chemin de fer d'intérêt général de Lérouville à la ligne des Ardennes près Sedan et du chemin de fer d'intérêt local de Pont-Maugis à Mouzon et à Raucourt.

Nous vous avons même adressé à ce sujet à la date du 27 août dernier une longue lettre qui jusqu'à ce jour est restée sans réponse et que nous prenons la liberté de vous rappeler. Nous vous y exposions qu'appuyés du concours bienveillant de M. le Directeur général des chemins de fer et moyennant de notre part certains sacrifices en vue d'une solution raisonnable et pratique, nous avions obtenu du Conseil général des Ardennes une délibération par laquelle il se désintéressait du chemin de fer d'intérêt local de Pont-Maugis à Mouzon et à Raucourt dans de certaines conditions auxquelles nous avons adhéré. Et qu'il ne restait plus désormais, pour mettre toutes choses en place dans cette affaire, qu'à obtenir de la Compagnie des chemins de fer de l'Est sa renonciation à la convention des 1-11 octobre 1866 annexée au Décret impérial du 9 novembre 1867, en ce qui concerne seulement le chemin de fer de Pont-Maugis à Mouzon et à Raucourt.

Pour vous aider à atteindre ce but, nous faisions valoir que la combinaison nouvelle exonérait à la fois, le Trésor public, le Département des Ardennes et les Communes intéressées d'une somme subventionnelle considérable, sans pour cela préjudicier en quoi que ce soit aux intérêts de la Compagnie de l'Est, à laquelle nous vous invitions d'ailleurs à offrir de notre part des apaisements raisonnables.

A la fin de septembre dernier et en vue de l'aider dans la négociation dont il avait bien voulu se charger, nous avons remis à M. le Directeur général des chemins de fer, sous le titre de Memorandum, un exposé succint mais complet de la question.

Plus tard et à diverses reprises, nous avons eu l'occasion de le voir, à ce sujet et nous savons officieusement qu'à deux reprises au moins vous avez invité par des lettres pressantes la Compagnie des chemins de fer de l'Est à se prêter à une combinaison qui nous est en quelque sorte commune avec l'Administration des Travaux publics.

Il était même pressenti que les négociations alors en cours, relativement à la reconstitution du réseau des chemins de fer de l'Est seraient une occasion favorable d'arriver à la seule solution pratique qui se présente en cette affaire.

Or il advient au contraire que la Compagnie des chemins de fer de l'Est est arrivée à ses fins sans avoir donné la moindre satisfaction à la question qui fait l'objet de cette lettre.

Dans cette situation, nous croyons devoir sauvegarder les droits que nous tenons des lois et des décrets qui nous régissent, comme du contrat qui nous lie avec l'Etat et en placer succinctement sous vos yeux les dispositions essentielles.

Un décret impérial du 19 juin 1868 a déclaré d'utilité publique :

« L'établissement d'un chemin de fer de Lérouville à la ligne des Ardennes ; ledit » chemin se détachant de la ligne de Paris à Strasbourg, passant près de Saint- » Mihiel, Dun-sur-Meuse, Stenay et Mouzon, se rattachant, dans la gare de Verdun, à » la ligne de Reims à Metz, traversant la Meuse, sous les feux de la place de » Sedan et allant se raccorder sur le chemin des Ardennes, en un point à déter- » miner entre Sedan et Bazeilles. »

Et le décret ajoute :

« Un décret, rendu en Conseil d'Etat, statuera sur le tracé définitif de ce che- » min. »

Déclarés concessionnaires de ce chemin par Décret impérial du 21 août 1869, nous nous sommes mis en mesure d'exécuter loyalement les clauses qui nous incombent dans le contrat qui nous lie à l'État. Dès le 18 février 1870, nous avons soumis, conformément à l'article 2 de notre cahier des charges, à l'approbation de l'Administration publique un projet définitif établi dans les termes du décret et présentant la seule et unique solution possible de la question posée.

Ce projet définitif a été soumis pendant plus de deux années à l'examen de tous les services publics intéressés et à tous les degrés de la hiérarchie administrative. Il a finalement été sanctionné par un Décret présidentiel en date du 17 juin 1872 rendu en Conseil d'Etat, comme le prescrivait le décret impérial du 19 juin 1868, et ce Décret, qui fixe souverainement le tracé du chemin de fer de Lérouville à la ligne des Ardennes, près Sedan, le superpose au tracé projeté du chemin de fer d'intérêt local entre Mouzon et Remilly et lui incorpore la portion dudit chemin construit entre Remilly et Pont-Maugis sur la ligne des Ardennes.

Nous ne connaissons pas d'autre solution plus pratique que celle-ci ; elle a été si longuement élaborée et si souverainement décidée que la pensée ne peut venir à personne de chercher à la modifier. Aussi bien le temps nous presse ; aux termes de notre cahier des charges nous n'avons plus que deux ans et demi pour construire une ligne de 144 kilomètres de longueur, et pourtant, à cette heure, nous n'avons pas pu, malgré tous nos efforts, toutes nos diligences et certainement le bon vouloir des fonctionnaires de l'État, arriver encore à un seul arrêté de cessibilité, et, par conséquent, accomplir aucune des procédures voulues par la loi du 3 mai 1841.

Cependant, grâce au zèle de nos agents, à l'activité de nos chantiers et au bon vouloir, nous devons le dire, des populations intéressées, qui ont presque sur toute la ligne consenti à la cession amiable des terrains nécessaires, nous comptons livrer à l'exploitation, cette année même, la partie comprise entre Lérouville et Verdun (54 kilom.), et l'année prochaine le complément compris entre Verdun et Pont-Maugis, sur la ligne des Ardennes.

Nous arriverons ainsi, malgré les événements et les retards causés par les formalités administratives, à livrer la ligne à l'exploitation avant le terme fixé par notre cahier des charges.

Nous suivons donc exactement la voie que l'Administration publique nous a indiquée sinon imposée, et nous considérons comme définitifs les résultats obtenus.

Mais alors nous venons vous demander, Monsieur le Ministre, si vous pensez que, pour exécuter strictement le tracé défini par le Décret présidentiel du 17 juin 1872, nous puissions être obligés à subir *l'exploitation sur facture*, par la Compagnie de l'Est, de l'une des têtes de notre ligne, ou l'exploitation concurrente, par un Département qui n'est obligé à aucun service de capital, d'un chemin de fer exactement juxtaposé au nôtre sur une longueur de 12 kilomètres.

Évidemment, telle n'a pu être, telle n'est pas la pensée du Gouvernement ; et nous ne faisons qu'évoquer son équité, et revendiquer nos droits en lui demandant de nous envoyer en possession de notre concession, dans l'esprit où elle nous a été faite et sans d'autres conditions que celles du cahier des charges qui la régit.

M. le Préfet des Ardennes nous informe qu'il se pourvoit auprès de vous pour obtenir l'abrogation du Décret du 9 novembre 1867, en ce qui concerne seulement le chemin de fer de Pont-Maugis à Mouzon et à Raucourt, et qu'il s'adresse en même temps à la Compagnie des chemins de fer de l'Est, pour obtenir sa renonciation à la convention des 1-11 octobre 1866, en ce qui concerne le même chemin de fer seulement.

Nous venons nous joindre à lui pour vous prier d'obtenir ce double résultat.

Déjà dans ce but, nous avons fait auprès du département des Ardennes tout ce qu'il fallait pour obtenir son désistement ; nous avons donné notre meilleur concours à M. le Directeur général des chemins de fer auquel, d'ailleurs, nous le devions bien, ne fût-ce qu'à cause de la bienveillance dont il nous honore, et nous avons vraiment peine à comprendre comment il se fait que tant de bon vouloir et tant d'efforts viennent échouer devant la résistance d'une grande Compagnie si largement dotée par l'État.

La combinaison ne froisse pourtant pas des intérêts financiers, puisqu'aux termes de la convention dont elle excipe, elle n'a fait qu'un acte de complaisance pour le Département exclusif de toute idée de perte ou de bénéfice, ainsi qu'elle a eu soin de le stipuler étroitement dans la convention même. Elle n'atteint non plus ni ses alliances commerciales, ni même ses horizons moraux ou politiques, et encore avons-nous offert de lui donner à cet égard les apaisements raisonnables.

Nous nous plaisons à espérer, Monsieur le Ministre, qu'une nouvelle instance de votre part amènerait peut-être un résultat plus favorable que les précédentes, et nous venons vous prier de joindre nos efforts à ceux de M. le Préfet des Ardennes, pour arriver à la solution qui, nous ne saurions trop le répéter, est la seule juste, raisonnable et pratique.

Mais dans le cas où de nouveaux efforts viendraient se briser contre la même inertie, vous nous permettriez, Monsieur le Ministre, de faire respectueusement entre vos mains les réserves que comporterait une situation que nous n'avons pas faite, s'il arrivait que nous n'eussions pas le libre exercice de l'intégralité des droits que nous tenons du contrat qui nous lie avec l'État.

Nous sommes avec respect, Monsieur le Ministre, vos très-humbles et très-obéissants serviteurs.

Les Concessionnaires,

(Signé) : A. Lebon et Otlet.

Annexe XXX.

CHEMIN DE FER

DE LA VALLÉE DE LA MEUSE

———

SEDAN A LÉROUVILLE

———

A. LEBON et OTLET

Concessionnaires.

———

REQUÊTE.

*A Messieurs le Président et les Membres du Conseil général
et à Monsieur le Préfet des Ardennes.*

Les soussignés,

A. Lebon et Otlet, Concessionnaires de l'Etat, du chemin de fer d'intérêt général de Lérouville à la ligne des Ardennes, près Sedan,

Cessionnaires du Département des Ardennes du chemin de fer d'intérêt local de Pont-Maugis à Raucourt et à Mouzon ;

Attendu que le Décret du 19 juin 1868 déclare d'utilité publique l'établissement d'un chemin de fer de Lérouville à la ligne des Ardennes ;

« Ledit chemin se détachant de la ligne de Paris à Strasbourg, passant près
» de Saint-Mihiel, Dun-sur-Meuse, Stenay et Mouzon, se rattachant, dans la gare
» de Verdun, à la ligne de Reims à Metz ; traversant la Meuse sous les feux de la
» place de Sedan, et allant se raccorder sur le chemin des Ardennes en un point
» à déterminer entre Sedan et Bazeilles ; »

Attendu que le même décret stipule encore que :

« Un décret rendu en Conseil d'Etat statuera ultérieurement sur le tracé définitif
» de ce chemin (*Bulletin des Lois*, n° 1628); »

Attendu que les soussignés ont été déclarés Concessionnaires du susdit chemin par décret du 21 août 1869 (*Bulletin des Lois*, n° 1743);

Attendu que, conformément aux clauses de leur cahier des charges, et dès le 18 février 1870, les Concessionnaires ont soumis au Gouvernement un projet définitif établi d'accord avec le département des Ardennes, en ce qui concerne l'absorption du chemin de fer d'intérêt local de Mouzon à Pont-Maugis ;

Attendu que ce projet définitif a été examiné pendant plus de deux années par toutes les autorités intéressées, à tous les degrés de la hiérarchie administrative ;

Attendu que M. le Préfet des Ardennes notamment, écrivait, le 17 janvier 1872, aux Concessionnaires, que son Administration se déclare toute prête à appuyer, tant auprès du Gouvernement qu'auprès de la Compagnie de l'Est, la demande qu'ils trouveraient à propos de faire et qu'il a donné suite au projet qu'ils avaient présenté pour le tracé de leur ligne sur le département des Ardennes, en exprimant l'avis que la solution la plus convenable consiste dans la cession, à leur profit, de la concession du département de Pont-Maugis à Mouzon et à Raucourt;

Attendu que, dans sa séance du 26 février 1872, le Conseil général des Ponts et Chaussées, — considérant que l'exécution d'une grande ligne de Sedan à Lérouville, ayant pour conséquence de mettre à néant l'autorisation précédemment donnée au Département des Ardennes de construire un chemin de fer d'intérêt local de Pont-Maugis à Mouzon, il s'ensuit qu'il n'y a pas lieu de s'occuper, quant à présent, des prétentions de la Compagnie de l'Est à l'égard dudit chemin, prétentions qui paraissent mal fondées, surtout en présence de l'accord intervenu entre le Département et les Concessionnaires de la ligne principale, et que la Compagnie de l'Est, au surplus, aurait à faire valoir, si elle le jugeait à propos, devant les tribunaux compétents ; — Suider.

A émis l'avis de faire connaître à M. le Préfet des Ardennes que les prétentions de la Compagnie de l'Est à conserver en tous cas un droit d'exploitation sur le chemin de fer d'intérêt local de Pont-Maugis à Mouzon sont rejetés par les motifs spécifiés ci-dessus ;

Attendu que le projet définitif a été sanctionné, le 17 juin 1872, par un Décret présidentiel rendu en Conseil d'Etat, au vœu du Décret impérial du 19 juin 1868, et qui stipule souverainement que le tracé définitif du chemin de fer de Lérouville à la ligne des Ardennes est fixé conformément aux plans annexés au présent Décret, c'est-à-dire absorbe et remplace le chemin de fer d'intérêt local de Mouzon à Pont-Maugis ;

Attendu que dans la Décision ministérielle du 26 juin 1872 portant approbation des terrassements et des ouvrages d'art de la ligne, le Ministre des Travaux publics dit :

Quant à ce qui concerne le chemin de fer d'intérêt local de Pont-Maugis à Mouzon, avec embranchement sur Raucourt, le département des Ardennes paraît avoir l'intention de demander à être déchargé de l'engagement qu'il a pris de construire la partie dudit chemin comprise entre Pont-Maugis et Mouzon, dont le tracé se confond avec celui de la ligne de Lérouville à la ligne des Ardennes, une demande devra être présentée à cet effet par le Conseil général du Département, et l'affaire sera *régularisée* au moyen d'un décret qui statuera sous toutes réserves des droits des tiers, notamment de ceux qui peuvent résulter pour la Compagnie des chemins de fer de l'Est du traité qu'elle a passé avec le département pour l'exploitation du chemin de fer d'intérêt local de Pont-Maugis à Mouzon et à Raucourt ;

Attendu que l'accord le plus complet ayant été établi sur tous les points entre M. le Préfet des Ardennes et les Soussignés, le Conseil général des Ardennes, dans sa séance du 24 août 1872 et sur la proposition de M. le Préfet, a renoncé à toute réclamation fondée sur le décret du 9 novembre 1867 contre toute altération des droits que lui confère ledit décret sur la ligne de Pont-Maugis à Mouzon à de certaines conditions et déclaré la Compagnie de Lérouville, Cessionnaire, suivant ses offres, des droits du Département sur les chemins de Pont-Maugis à Mouzon et à Raucourt, à de certaines autres conditions ;

Attendu que les soussignés ont adressé à M. le Préfet des Ardennes, à la date du 24 janvier dernier, une déclaration en bonne et due forme, portant leur acceptation dans toute sa teneur de la délibération prise par le Conseil général des Ardennes ;

Attendu que M. le Préfet des Ardennes a donné acte aux soussignés de ladite déclaration, et qu'il les a en même temps informés par dépêche qu'il allait reprendre immédiatement les négociations entamées avec l'Etat d'une part et la Compagnie de l'Est d'autre part, pour obtenir une réponse catégorique et définitive sur les deux alternatives qui concernent chacun d'eux et qu'il espérait pouvoir mettre le Conseil général en situation de se prononcer en toute connaissance de cause et de demander l'abrogation du Décret lors de sa prochaine réunion du mois d'avril prochain ; que ce n'était qu'après la décision du Conseil général qu'il lui serait possible de faire aux soussignés la remise du chemin ;

Attendu que l'affaire dont il est question étant ainsi ramenée dans ses termes vrais et précis, les soussignés considèrent leur contrat avec le département des Ardennes comme irrévocablement lié et leurs droits sur le chemin de fer de Pont-Maugis à Mouzon et à Raucourt comme définitivement acquis, à la seule exécution près, qu'ils offrent, des conditions et des formalités qui leur incombent.

Et quant aux conditions à remplir par Administration publique.

Attendu que les dépêches récemment échangées entre M. le Ministre des Travaux publics, et M. le Préfet des Ardennes, ne sont qu'une discordance regrettable avec les Lois, les Décrets les Décisions, les Délibérations, les Accords et les Traités préexistants ; que le Ministre des Travaux publics est rigoureusement tenu et peut-être même contraint, par toutes les voies et moyens de droit, ce qu'à Dieu ne plaise, à l'exécution des Décrets et des Décisions confiés à sa garde ; ainsi, dans l'espèce, des Décrets rendus en Conseil d'État, les 19 juin 1868, 7 avril et 21 août 1869, 17 juin 1872, et de la Décision ministérielle rendue en conseil général des Ponts et Chaussées, le 26 juin 1872.

Attendu d'ailleurs qu'aux termes du cahier des charges annexé au décret du 7 avril 1869, les concessionnaires ont seuls le droit de provoquer une modification quelconque aux projets approuvés par l'Administration publique.

En ce qui touche l'une des hypothèses posées par la délibération du Conseil général des Ardennes, du 24 août 1872, savoir l'abrogation par le Gouvernement du Décret du 9 novembre 1867 relativement au chemin de fer de Pont-Maugis à Mouzon et à Raucourt.

Attendu que cette abrogation résulte directement du Décret du 17 juin 1872, et que la Décision ministérielle du 26 juin 1872 ne la traite que de **régularisation;**

Que, par conséquent, le Ministre ne peut, sous aucun prétexte, se refuser à la prononcer, en présence de la délibération du Conseil général des Ardennes, qu'il a lui-même provoquée,

En ce qui touche une autre hypothèse posée par ladite délibération, à savoir la responsabilité du Département vis-à-vis de la Compagnie de l'Est.

Attendu que par leur déclaration du 24 janvier dernier, les soussignés ont déclaré s'en charger, ce qui est accepté par la délibération même ;

Et quant aux conditions à remplir par l'Administration départementale ;

Attendu qu'elle y est rigoureusement tenue par ce seul fait qu'elle aurait introduit dans le contrat une condition potestative.

En ce qui touche les clauses relatives à l'exploitation par la Compagnie de l'Est ;

Attendu qu'elles peuvent être, soit exécutées, soit réglées de diverses manières amiables ou judiciaires, et que les soussignés peuvent facilement y pourvoir, ce qu'ils offrent.

Par ces motifs et d'autres encore,

Les soussignés supplient le Conseil général de vouloir bien laisser toutes choses en l'état jusqu'à sa session d'avril, époque fixée par M. le Préfet lui-même dans sa dépêche du 28 janvier dernier,

Et lui demandent respectueusement de vouloir bien décider l'insertion *in extenso* de la présente requête dans le procès-verbal de la séance de ce jour, 21 février 1873.

(Signé) : A. Lebon et Otlet.

Annexe XXXI.

OPPOSITION.

A Monsieur le Préfet des Ardennes.

Les soussignés,

A. Lebon et Otlet, Concessionnaires de l'Etat du chemin de fer d'intérêt généra de Lérouville à la ligne des Ardennes, près Sedan,

Cessionnaires du Département des Ardennes du chemin de fer d'intérêt local de Pont Maugis à Raucourt et à Mouzon,

Considérant qu'ils ont déposé entre les mains du Conseil général, dans sa séance d'hier 21 février, une requête afin que toutes choses fussent laissées en l'état, dans l'affaire concernant le chemin de fer de Pont-Maugis à Mouzon et à Raucourt, jusqu'à la session d'avril, époque fixée par Monsieur le Préfet lui-même dans sa dépêche aux soussignés, en date du 28 janvier dernier;

Considérant qu'à la suite de ce dépôt, le Conseil général s'est constitué en comité secret, comme d'ailleurs il l'avait déjà fait la veille, ce que les soussignés ignoraient· et ce qui leur a été seulement révélé par la lecture du procès-verbal de la séance du 20, à l'ouverture de la séance du 21 février;

Considérant qu'à la suite de cette séance secrète, qui a été fort longue, la séance publique a été reprise et continuée, sans que les soussignés aient pu savoir ce qui était advenu de leur requête, si elle était admise ou rejetée, si quelque incident ne s'était point produit, si quelque modification n'avait point été apportée dans une question, et des intérêts qui les touchent au plus haut degré;

Attendu que cette attitude mystérieuse et ces procédés insolites autorisent toutes les suppositions, et sont de telle nature que les soussignés ne peuvent pas ne pas s'en émouvoir très-profondément;

Attendu d'ailleurs qu'ils sont résolus à obtenir par toutes les voies et tous les moyens amiables d'abord, judiciaires ensuite, quelque regret qu'ils puissent en avoir, la remise qui leur est due du chemin de fer de Pont-Maugis à Mouzon et à Raucourt, dont ils se considèrent comme Cessionnaires.

Par ces motifs et tous autres encore, les soussignés,

Protestent de toutes leurs forces contre toute atteinte qui pourrait être portée à l'état de choses qu'ils connaissent, par quelque délibération secrète ou autre.

Confient à Monsieur le Préfet le soin d'instruire de la présente protestation les membres du Conseil général, aujourd'hui dispersés, qui auraient participé à toute délibération de ce genre;

S'opposent à ce que Monsieur le Préfet fasse un usage quelconque de quelque pouvoir que ce soit, qui lui aurait été donné par le Conseil général, dans ses séances secrètes des 20 et 21 février courant, concernant l'exécution d'une délibération secrète quelconque, relative, à quelque égard que ce soit, à l'affaire du chemin de fer de Pont-Maugis à Mouzon et à Raucourt.

Donnent acte de ce qu'ils sont prêts à solder sans délai le compte à régler avec le Département, suivant les accords établis, ce qu'ils n'ont jamais cessé d'offrir.

Mézières, le samedi 22 février 1873.

(Signé) : A. LEBON et OTLET.

Annexe XXXII.

<table>
<tr><td>

MINISTÈRE
DES
TRAVAUX PUBLICS
———
DIRECTION GÉNÉRALE
DES
PONTS ET CHAUSSÉES
ET DES
CHEMINS DE FER
———
CHEMINS DE FER
———
DIVISION
DES
ÉTUDES ET TRAVAUX
———
2ᵉ BUREAU
———
CHEMIN DE FER
DE SEDAN A LÉROUVILLE
———

</td><td>

Versailles, le 26 février 1873.

A Messieurs les Concessionnaires du Chemin de fer de Sedan à Lérouville

Messieurs,

Par la lettre que vous m'avez fait l'honneur de m'écrire le 11 février courant, vous me priez d'insister encore auprès de la Compagnie des Chemins de fer de l'Est, afin de la décider à renoncer à l'exécution de la convention qu'elle a passée les 1-11 octobre 1866 avec le département des Ardennes pour l'exploitation de la ligne d'intérêt local de Pont-Maugis à Mouzon et à Raucourt.

L'Administration, Messieurs, a fait tous ses efforts pour obtenir de la Compagnie de l'Est, qu'elle renonçât au bénéfice de son traité avec le département des Ardennes.

Elle n'a pas réussi, et ne saurait faire aujourd'hui de nouvelles démarches auprès de la Compagnie, dont la détermination paraît irrévocable.

Dans tous les cas, si, en présence de cette résistance de la Compagnie de l'Est, il vous est impossible de vous raccorder à la ligne des Ardennes, dans les conditions de votre cahier des charges, veuillez me faire de nouvelles propositions, je les examinerai avec le désir de donner satisfaction à tous les intérêts en cause.

Recevez, Messieurs, l'assurance de ma considération très distinguée.

Le Ministre des Travaux publics,

(Signé) : DE FOURTOU.

</td></tr>
</table>

———

<table>
<tr><td>

CHEMIN DE FER
DE LA VALLÉE DE LA MEUSE

SEDAN A LÉROUVILLE
———
A. LEBON ET OTLET
Concessionnaires
———

</td><td>

Paris, le 1ᵉʳ mars 1873.

A Son Excellence Monsieur le Ministre des Travaux publics.

Monsieur le Ministre,

Nous avons reçu la lettre du 26 février qui nous accuse réception de notre lettre du 11 février dernier et nous informe :

Que l'Administration a fait tous ses efforts pour obtenir de la Compagnie de l'Est qu'elle renonçât au bénéfice de son traité avec le département des Ardennes;

Qu'elle n'a pas réussi;

Qu'elle ne saurait faire de nouvelles démarches auprès de la Compagnie dont la détermination paraît irrévocable;

Et que dans tous les cas, si, en présence de cette résistance de la Compagnie de l'Est, il nous est impossible de nous raccorder à la ligne des Ardennes dans les con-

</td></tr>
</table>

ditions de notre cahier des charges, Votre Excellence nous invite à lui faire de nouvelles propositions qu'elle examinerait avec le désir de donner satisfaction à tous les intérêts en cause.

Nous avons l'honneur de vous assurer, Monsieur le Ministre, que les résistances rencontrées par Votre Excellence, de la part de la Compagnie de l'Est, ne sauraient avoir pour effet de nous empêcher de nous raccorder à la ligne des Ardennes dans les conditions de notre cahier des charges, ni motiver, par conséquent de notre part de nouvelles propositions au sujet de ce raccordement.

Il suffit, en effet, pour qu'il soit satisfait au cahier des charges qui régit notre entreprise, que le Décret présidentiel du 17 juin et la Décision ministérielle du 26 juin 1872 soient exécutés.

Cessionnaires du Département des Ardennes du chemin de fer d'intérêt local de Pont-Maugis à Mouzon et à Raucourt, nous venons, comme le Conseil général et M. le Préfet des Ardennes lui-même, solliciter de vous la régularisation indiquée dans votre Décision du 26 juin dernier, par l'abrogation, au profit de la ligne de Sedan à Lérouville, du Décret du 9 novembre 1867 concernant la ligne de Pont-Maugis à Mouzon et à Raucourt, sous toutes réserve des droits des tiers.

Cette régularisation suffit à mettre toutes choses en place.

Nous sommes avec respect, Monsieur le Ministre, de Votre Excellence les très-humbles et très-obéissants serviteurs.

Les Concessionnaires,
(Signé) : A. LEBON ET OTLET.

Annexe XXXIII.

SOMMATION.

L'an mil huit cent soixante-treize, le jeudi vingt-sept février ;

A la requête de MM. A. Lebon et Otlet, Concessionnaires de l'État, du chemin de fer d'intérêt général de Lérouville à la ligne des Ardennes, près Sedan, Cessionnaires du Département des Ardennes, du chemin de fer d'intérêt local du Pont-Maugis à Mouzon et à Raucourt, dont le siége social est établi à Paris, rue de Berlin, nº 40 et rue Saint-Pétersbourg, nº 2, par lesquels domicile est élu en l'étude de Mᵉ Bouchez-Levernieux, avoué près le tribunal civil de première instance de Charleville y demeurant.

J'ai, Alfred Renard, huissier près le tribunal civil séant à Charleville y demeurant, soussigné, me suis transporté à la Direction des chemins de fer départementaux sise à Mézières, rue Jaubert, nº 11, où étant et parlant à une personne au service de M. Mialaret ainsi déclaré, j'ai signifié et déclaré à M. Mialaret, Directeur des chemins de fer départementaux et sommé ledit de se trouver le samedi 1ᵉʳ mars prochain à 10 heures et un quart précises du matin, défaut de suite, dans la salle d'attente de la station du Pont-Maugis aux fins suivantes.

Attendu que, par lettres échangées aux dates respectives des 8 et 25 août 1872, entre M. le Préfet des Ardennes, d'une part, et MM. A. Lebon et Otlet, ès-qualités sus-énoncées, d'autre part, il a été désigné, d'un commun accord entre les deux parties ci-dessus dénommées, pour, dans l'intérêt des chemins de fer départementaux qu'il dirige, et contradictoirement avec M. Henri Wilhems, Ingénieur-Directeur des travaux du chemin de fer de Lérouville à la ligne des Ardennes, près Sedan, également désigné d'un commun accord entre les deux parties ci-dessus dénommées.

Arrêter le compte des dépenses faites, par l'Administration des chemins de fer départementaux, sur la ligne du chemin de fer de Pont-Maugis à Remilly et à Mouzon, lequel compte les requérants se déclarent itérativement prêts à solder sans délai.

Et encore,

Attendu qu'un décret du 19 juin 1872, rendu en Conseil d'État, a statué souverainement sur le tracé définitif du chemin de fer d'intérêt général de Lérouville à la ligne des Ardennes, près Sedan, et que, d'accord avec le Département des Ardennes, ledit tracé absorbe le chemin de fer d'intérêt local du Pont-Maugis à Mouzon et à Raucourt, dans la partie comprise entre le Pont-Maugis et Mouzon ;

Attendu qu'une Décision Ministérielle en date du 26 juin 1872, rendue en Conseil général des Ponts-et-Chaussées, et dont M. le Préfet des Ardennes est chargé d'assurer l'exécution en ce qui le concerne, approuve définitivement le projet du tracé et des terrassements dudit chemin de fer d'intérêt général ;

Attendu qu'une délibération du Conseil général des Ardennes, en date du 24 août

1872, a déclaré les requérants Cessionnaires des droits du Département sur le chemin de fer d'intérêt local du Pont-Maugis à Mouzon et à Raucourt, à de certaines conditions que les requérants ont déclaré accepter dans toute leur teneur, en ce qui les concerne;

Opérer la remise de ladite ligne entre les mains des requérants, en en constatant l'état par un procès-verbal contradictoirement dressé entre ledit M. Mialaret, pour l'Administration des Chemins de fer départementaux, et ledit M. Henri Willems, pour les requérants,

Et, en outre :

Attendu que la Décision Ministérielle ordonne que les rails de 30 kilogrammes, actuellement posés ou approvisonnés entre le Pont-Maugis, Remilly et Mouzon, devront être remplacés par les rails définis par le cahier des charges qui régit la concesion du Chemin de fer de Lérouville à la ligne des Ardennes, près Sedan;

Attendu que M. le Préfet des Ardennes, chargé de l'exécution, en ce qui le concerne, de la Décision ministérielle précitée, annonce dans son rapport au Conseil général des Ardennes, réuni en session extraordinaire le 20 février courant, que l'exploitation de la ligne de Port-Maugis à Raucourt va être entreprise au premier jour;

Attendu donc qu'il y a urgence à procéder à la réfection de la voie posée entre le Pont-Maugis et Remilly, et à l'établir en conformité des prescriptions gouvernementales avec assez de rapidité pour que les populations intéressées puissent jouir, dans le plus bref délai, du chemin de fer destiné à les desservir,

Assister au démontage de la voie actuelle, au fur et à mesure de l'établissement de la voie réglementaire et définitive;

Lui déclarant que faute par lui de se rendre au jour, au lieu et à l'heure susdésignés, aux fins ci-devant précisées, il y sera procédé en son absence, vu l'urgence.

Et, à ce qu'il n'en ignore, je lui ai laissé copie du présent exploit.

(Signé) : A. RENARD.

Annexe XXXIV.

PROCÈS-VERBAL DE DÉFAUT.

L'an mil huit cent soixante-treize le 1er mars, dix heures du matin.

A la requête de MM. A. Lebon et Otlet, Concessionnaires de l'État, du chemin de fer d'intérêt général de Lérouville à la ligne des Ardennes, près Sedan, Cessionnaires du département des Ardennes du chemin de fer d'intérêt local de Pont-Maugis à Mouzon et à Raucourt, dont le siége social est à Paris, rue de Berlin n° 40 et rue Saint-Pétersbourg n° 2, pour lesquels domicile est élu en l'étude de M. Bouchez-Levernieux, avoué à Charleville ;

Je soussigné, Eugène Huet, huissier au Tribunal civil séant à Sedan, y demeurant ;

Me suis transporté à Pont-Maugis :

Pour, en conséquence de la sommation faite à M. Mialaret, Directeur des chemins de fer départementaux par exploit de Renard, huissier à Charleville, du 27 février 1873 et en présence de M. Henri Willems, Ingénieur-Directeur des travaux du chemin de fer de Lérouville à la ligne des Ardennes, près Sedan : arrêter le compte des dépenses faites par l'Administration des chemins de fer départementaux sur la ligne du chemin de fer de Pont-Maugis à Remilly et à Mouzon, opérer la remise de ladite ligne entre les mains des requérants en en constatant l'état par un procès-verbal contradictoirement dressé entre le dit M. Mialaret pour l'Administration des chemins de fer départementaux et ledit M. Henri Willems pour les requérants, et assister au démontage de la voie actuelle, au fur et à mesure de l'établissement de la voie réglementaire et définitive.

Les soussignés se sont trouvés à la gare de Pont-Maugis à l'heure indiquée, et y ont constaté l'absence de M. Mialaret.

Ils y ont trouvé M. le Sous-Préfet de Sedan auquel ils ont décliné leurs qualités et auquel ils ont demandé si sa présence à Pont-Maugis ne se rapporterait point au même objet qui les y amenait eux-mêmes. A cela M. le Sous-Préfet a répondu affirmativement et leur a exposé que sur l'ordre de M. le Préfet des Ardennes il s'opposait à ce qu'il fût procédé au apuouap la voie actuelle du chemin de fer de Pont-Maugis à Mouzon et à Raucourt, au fur et mesure de l'établissement de la voie réglementaire et définitive ainsi que le porte la sommation signifiée à M. Mialaret le jeudi 27 février 1873, par acte de Renard, huissier à Charleville.

Leur déclarant que, faute par eux de se conformer à cette défense, il s'y opposerait par tous les moyens en son pouvoir.

Et quant à la remise de ladite ligne entre les mains des requérants, en en constatant l'état par un procès-verbal contradictoirement dressé, M. le Sous-Préfet leur a répondu sur ce point qu'il n'avait pas d'instructions pour suppléer à l'absence de

M. Mialaret, et que le Département étant en possession de cette voie ferrée, son devoir était de la faire respecter.

Et M. le Sous-Préfet a signé la déclaration qui précède, et s'est retiré.

(Signé) : ALBERT BRUX.

En présence de cette déclaration, les requérants se sont abstenus de toute opération concernant la voie, surtout alors que la présence d'un piquet de gendarmerie à cheval indiquait l'intention de, s'il le fallait, appuyer l'opposition de l'Administration départementale par la force, et ils se sont contentés de protester contre le refus de leur remettre la ligne du chemin de fer de Pont-Maugis à Mouzon et à Raucourt dont ils sont Cessionnaires aux termes de leur contrat avec le Département des Ardennes.

De ce que dessus, j'ai dressé le présent procès-verbal que M. Bouchez-Levernieux, mandataire verbal des requérants, a signé avec moi ainsi que M. Henri Willems susnommé (coût : dix-huit francs soixante-quinze centimes).

(Signé) : BOUCHEZ LEVERNIEUX. (Signé) : H. WILLEMS.

(Signé) : E. HUET.

Enregistré à Sedan, le 1er mars 1873, f° 192 v°, c. 4. Reçu deux francs quarante centimes, décimes compris.

Annexe XXXV.

Extrait des procès-verbaux du Conseil général des Ardennes.

SESSION EXTRAORDINAIRE DU 20 FÉVRIER 1873.

Séance du 21 février 1873.

CHEMIN DE FER DE PONT-MAUGIS A RAUCOURT ET A MOUZON.

« Le Conseil général,

» Vu le Décret du 9 novembre 1867 ;

» Vu sa délibération en date du 24 août 1872 ;

» Vu la lettre du 24 janvier 1873 par laquelle la Compagnie Lebon et Otlet déclare accepter cette délibération dans toute sa teneur ;

» Vu la lettre de M. le Préfet à la Compagnie, en date du 28 janvier dernier, qui, exprimant de nouveau le caractère conditionnel de cette délibération, promet d'associer ses efforts à ceux de la Compagnie, pour que la condition puisse se réaliser, par l'abrogation du décret de 1867 ;

» Vu la lettre de la Compagnie Lebon et Otlet, en date du 10 février 1873 qui, déclarant demander l'abrogation du Décret du 9 novembre 1867, semble cependant établir un engagement synallagmatique entre le Département et la Compagnie, et ne s'attache plus qu'à une partie de la teneur, d'abord acceptée tout entière.

» Vu la lettre de la Compagnie de l'Est en date du 10 février au Ministre des Travaux publics, par laquelle la Compagnie de l'Est déclare s'en tenir à son traité d'exploitation incorporé au Décret du 9 novembre 1867 ; — ensemble la lettre du Ministre au Préfet des Ardennes en date du 11 février.

» Vu la lettre du Ministre des Travaux publics au Préfet des Ardennes, en date du 19 février, ainsi conçue :

« Monsieur le Préfet,

» Par ma dépêche du 11 février courant, j'ai eu l'honneur de vous faire savoir » que la Compagnie des chemins de fer de l'Est persistait à réclamer l'exécution de » la convention des 1er et 11 octobre 1866, qui lui assure l'exploitation du chemin » de fer d'intérêt local de Pont-Maugis à Mouzon, avec embranchement sur Raucourt. » J'ajoutais qu'il ne me paraissait pas possible d'insister de nouveau auprès de la » Compagnie pour la faire revenir sur cette détermination.

» Je crois devoir compléter cette communication en vous faisant connaître qu'en » admettant même l'hypothèse où les concessionnaires du chemin de fer de Sedan à » Lérouville assumeraient sur eux les conséquences de l'abrogation du traité passé » entre le département et la Compagnie de l'Est, pour l'exploitation des chemins de » fer de Pont-Maugis à Mouzon et à Raucourt, le Gouvernement se refuserait abso- » lument à l'abrogation du décret qui approuve le traité du 11 octobre 1866, et

» n'admettrait en aucune manière la rupture dudit traité par l'une des parties con-
» tractantes.

» Recevez, etc.

» *Le Ministre des Travaux publics,*

» DE FOURTOU. »

» Ouï dans le comité secret du 20, la proposition de M. le Préfet, de statuer sur le champ de la nouvelle situation faite au Département par cette dernière lettre ; — et vu le Décret de convocation de la session extraordinaire, qui autorise le Préfet à saisir le Conseil Général des questions que le Préfet estime urgentes ;

» Ouï M. le représentant de la Compagnie Lebon et Otlet devant les commissions réunies, vu le mémoire dont il a demandé l'insertion au procès-verbal, et dont lecture a été donnée en Assemblée générale ;

» Ouï dans le comité secret du 21, le rapport fait au nom des commissions réunies des finances et des routes ;

» Ouï les observations de plusieurs membres, de M. le préfet et de M. le rapporteur ;

» Considérant que le refus formel du gouvernement d'abroger le Décret du 9 novembre 1867, en ce qu'il renferme le traité d'exploitation de 1866 avec la Compagnie de l'Est, fait tomber toutes les hypothèses prévues par la délibération du 24 août 1872, reposant sur la condition fondamentale qu'il y aurait abrogation de ce Décret, en ce qui concerne ledit traité d'exploitation ;

» Considérant qu'étant ainsi écartée par une force irrésistible, l'hypothèse que la Compagnie Lebon et Otlet aurait pu devenir Cessionnaire des droits du département sur Pont-Maugis et Mouzon-Raucourt, aux conditions dont on avait d'avance posé les bases dans cette hypothèse, il devient inutile d'examiner : 1° Si MM. Lebon et Otlet, les seuls que connaisse le Conseil général, sont encore les maîtres de la concession, ce que du reste ils affirment ; 2° de quelle manière aurait pu être organisée la garantie offerte par la Compagnie Lebon et Otlet, contre toute réclamation de la Compagnie de l'Est ; — de voir si la garantie n'aurait pas dû s'étendre au cas où la Compagnie de l'Est aurait refusé de diviser son traité d'exploitation des autres chemins concédés au Département ; si la responsabilité n'aurait pas dû être appuyée sur un cautionnement en espèces.

» Considérant que la prétention qui semble résulter de la lettre de la Compagnie Lebon et Otlet, du 10 février, et du mémoire ci annexé, qu'il y aurait contrat synallagmatique entre elle et le Conseil général, indépendant de l'abrogation du Décret, et qu'alors, soit le gouvernement, soit la Compagnie Lebon et Otlet prend la responsabilité des conséquences, vis-à-vis de la Compagnie de l'Est, supposent que la Compagnie de l'Est n'exploite pas ; considérant que si le Décret n'est pas abrogé, elle exploite, et dès lors il n'y a pas lieu envers elle à responsabilité ;

» Considérant que le Gouvernement puise, non-seulement dans son pouvoir de tutelle, dans son pouvoir de fait, mais dans sa qualité de concédant, d'associé aux bénéfices, comme à la dépense : 1° le droit d'empêcher le Département de rétrocéder la concession à un tiers non agréé par le Gouvernement ; 2° le droit d'annuler les clauses favorables au Département, par exemple en refusant ou répétant la subvention d'un Décret à la fois acte d'autorité et contrat, dont le Département n'exécuterait pas toutes les clauses ;

» Considérant que les Décrets et documents invoqués par la Compagnie Lebon dans son mémoire ci-annexé sont des actes intervenus entre cette Compagnie et le Gouvernement, ou des avis émanés de conseils consultatifs, actes auxquels le Conseil général n'est pas partie ;

» Considérant que le Département, ainsi que le constate la correspondance, a fait tous ses efforts pour obtenir l'abrogation, en ce qui touche l'exploitation par l'Est, du Décret du 9 novembre 1867 ; — mais que les efforts faits pour obtenir l'abrogation ne peuvent lui être opposés, quand précisément il n'y a pas eu abrogation ; — que la convention conditionnelle faite avec la compagnie Lebon et Otlet ne pouvant aboutir, le Département ne peut non plus délaisser son chemin pour que la Compagnie Lebon cherche à l'obtenir ; — qu'une détermination unilatérale aussi étrange laisserait sans garantie et sans règlement les intérêts des communes, des particuliers, du Département lui-même ; — que l'exécution du chemin n'est pas une faculté pour le Département, mais une obligation à remplir dans le délai de six ans, sous peine de voir l'Etat revendiquer ce qu'il a donné et employer d'autres mesures ; — qu'ainsi étant fermées toutes les issues pour sortir du Décret du 9 novembre 1867 déclaré indivisible par le Gouvernement, il ne reste plus au Département qu'à se placer sur le terrain de l'exécution de ce Décret ;

» Considérant qu'il y a lieu d'examiner si en donnant satisfaction au Décret que le Gouvernement refuse d'abroger, on ne peut obtenir de lui d'autoriser des combinaisons propres à simplifier les relations du Département avec la Compagnie de l'Est, et à affranchir le Département, en les transportant à cette Compagnie, de toutes les éventualités relatives à l'exploitation de ce chemin ;

» Considérant qu'il y a urgence à agir en ce sens, pour assurer aux populations la prompte ouverture des lignes achevées et la prompte construction de ce qui reste à faire ; qu'il n'y a pas à sursis pour prendre un parti, quand il ne reste qu'un parti à prendre :

» I. — Dit qu'il y a lieu à statuer dès à présent sur les conséquences de la résolution notifiée par le gouvernement le 19 février ;

» II. — Dit qu'en présence de cette résolution du Gouvernement de ne pas abroger la partie du Décret de novembre 1867, qui exige l'exploitation par la Compagnie de l'Est, il est impossible de donner suite à la délibération du 24 août 1872, subordonnée à l'abrogation de ce Décret ;

» III. — Invite M. le préfet à chercher à s'entendre avec la Compagnie de l'Est et avec le Gouvernement, pour obtenir que, le Décret du 9 novembre 1867 étant satisfait par l'exploitation confiée à la Compagnie de l'Est, celle-ci soit autorisée à faire l'exploitation de Pont-Maugis à Mouzon et Raucourt à son propre compte, et à l'entière décharge du département ;

» IV. — Supplie le Gouvernement de vouloir bien accéder à ces arrangements, comme étant entièrement dans l'esprit du Décret de 1867 ;

» V. — Autorise le préfet, s'il ne peut obtenir ces arrangements et cette approbation, à faire ouvrir les chemins achevés avec l'exploitation par la Compagnie de l'Est. »

<table>
<tr><td>Le Secrétaire,</td><td>Le Président,</td></tr>
<tr><td>(Signé) : TOUPET DES VIGNES.</td><td>(Signé) : HABLOT.</td></tr>
</table>

Annexe XXXVI.

Extrait des Procès-verbaux du Conseil général du département de la Meuse.

SESSION EXTRAORDINAIRE DE MARS 1873.

Séance du vendredi 7 mars 1873.

Vous avez été saisi, par les observations présentées par M. Bompard, de la situation qui serait faite au chemin de la vallée de la Meuse, si la concession à la compagnie de l'Est de la ligne d'intérêt local de Pont-Maugis à Mouzon n'était pas rapportée, et si la ligne de Lérouville à Sedan devait, pour aboutir à Sedan, emprunter ce chemin d'intérêt local.

L'ensemble des faits exposés a paru à votre Commission de nature à émouvoir le Département de la Meuse, qui, par la subvention qu'il donne au chemin de Lérouville à Sedan, est fortement intéressé à ce que cette ligne ne soit pas amoindrie et ne soit pas étranglée à son point de départ par la concession faite au Département des Ardennes.

La prétention du Département des Ardennes d'empêcher la ligne de la vallée de la Meuse d'aboutir directement à Sedan, ne nous paraît pas soutenable, car le Décret impérial du 19 juin 1868 porte : « Est déclaré d'utilité publique l'établissement d'un
» chemin de fer de Lérouville à la ligne des Ardennes, ledit chemin se détachant
» de la ligne de Paris à Strasbourg, passant près de Saint-Mihiel, Dun-sur-Meuse,
» Stenay et Mouzon, se rattachant dans la gare de Verdun à la ligne de Reims à Metz,
» traversant la Meuse sous les feux de la place de Sedan et allant se raccorder sur
» le chemin des Ardennes en un point à déterminer entre Sedan et Bazeilles.

» Un décret rendu en Conseil d'État statuera sur le tracé définitif de ce chemin. »

De plus, le Décret Présidentiel du 17 juin 1872, rendu en Conseil d'État, lequel vise le Décret précité du 19 juin 1868, porte « que le tracé définitif du chemin de
» fer de Lérouville à la ligne des Ardennes est fixé conformément aux plans
» annexés audit Décret, c'est-à-dire en absorbant complétement et remplaçant
» absolument le chemin de fer d'intérêt local de Pont-Maugis à Raucourt et à
» Mouzon dans la partie comprise entre Pont-Maugis et Mouzon. »

Enfin la décision ministérielle, rendue en Conseil général des ponts et chaussées, le 26 juin 1872, porte que « toute difficulté pouvant résulter de la concomitance du
» chemin de fer d'intérêt général de Lérouville à la ligne des Ardennes peut et
» doit être régularisée au moyen de l'abrogation du décret du 9 novembre 1867, en
» ce qui touche le chemin de fer d'intérêt local de Pont-Maugis à Mouzon, moyennant
» une simple demande du Conseil général des Ardennes. »

Le Conseil général des Ardennes y paraissait disposé, car, par ses Délibérations des 28 octobre 1871 et 24 août 1872, « il a renoncé à toute réclamation concernant » les droits qu'il peut avoir sur le chemin de fer d'intérêt local de Pont-Maugis à » Mouzon, et a supplié le Gouvernement de s'en désintéresser également. »

L'accord semblait complet entre les concessionnaires du chemin de fer de Lérouville à Sédan et le département des Ardennes, lorsque, le 21 février dernier, le Conseil général des Ardennes, revenant sur sa délibération du 24 août, semble vouloir transporter définitivement à la Compagnie de l'Est sa concession de Pont-Maugis à Mouzon et à Raucourt.

Votre Commission, considérant que la situation faite au chemin de la vallée de la Meuse par cette concession n'est pas admissible ;

Considérant que le Conseil général de la Meuse n'a entendu, en votant une subvention importante, donner son concours qu'à l'établissement d'une grande ligne d'intérêt général partant de Sedan pour aboutir à Lérouville et non pas à une ligne finissant à Mouzon et n'atteignant Sedan qu'à travers un chemin de fer d'intérêt local, soumis à l'administration départementale des Ardennes, soustrait au contrôle de l'Etat, régi par un cahier des charges local, exploité dans des conditions locales, avec des tarifs homologués par une administration locale ;

Considérant que, s'il en était ainsi, le but auquel le département de la Meuse entendait concourir serait absolument manqué et que son concours serait dès lors sans raison d'être ;

Vous propose de décider qu'il y a lieu de prévenir le Gouvernement que, dans le cas où la compagnie de Lérouville à Sedan ne serait pas mise en possession et jouissance de toute la ligne à elle concédée, et ne pourrait pas la construire dans les conditions du Décret de concession, c'est-à-dire se rattachant à la ligne de Paris à Strasbourg à Lérouville, se raccordant, dans la gare de Verdun, à la ligne de Reims à Metz, et se continuant comme ligne d'intérêt général jusqu'a Sedan par la ligne des Ardennes, à laquelle elle se soude à Pont-Maugis, sans être obligé d'emprunter le chemin d'intérêt local de Pont-Maugis à Mouzon, auquel elle se substitue et qu'elle remplace définitivement, le Conseil général se considérerait comme dégagé des engagements contractés antérieurement, et refuserait absolument de payer la subvention promise au chemin de Lérouville à Sedan.

M. le Président met aux voix les conclusions du rapport qui sont adoptées à l'unanimité.

Pour copie conforme

Le Conseiller de Préfecture,

(Signé) : LAGARDE.

Annexe XXXVII.

ASSIGNATION EN RÉFÉRÉ.

L'an mil huit cent soixante - treize, le mercredi 5 mars, à la requête de MM. A. Lebon et Otlet, Concessionnaires de l'État, du chemin de fer d'intérêt général de Lérouville à la ligne des Ardennes, près Sedan, Cessionnaires du département des Ardennes du chemin de fer d'intérêt local de Pont-Maugis à Raucourt et à Mouzon, dont le siége social est établi à Paris, rues de Berlin, n° 40, et de Saint-Pétersbourg, n° 2, pour lesquels domicile est élu, en l'étude de M. Bouchez-Levernieux, avoué près le tribunal civil de première instance de Charleville, y demeurant, qu'ils constituent et qui occupera pour eux aux fins de la présente demande et de ses suites,

J'ai, soussigné, donné assignation à M. Mialaret, Directeur des chemins de fer départementaux des Ardennes, demeurant à Mézières, rue de Jaubert, n° 11, où étant et parlant à une personne à son service, à comparaître demain jeudi 6 mars courant, à une heure, dans le cabinet de M. le Président dudit tribunal sis au palais de justice, place Saint-François, pour :

Attendu que les requérants ont signifié et déclaré à M. Mialaret, Directeur des chemins de fer départementaux et sommé ledit, de se trouver le samedi 1ᵉʳ mars courant, à dix heures un quart précises du matin, défaut de suite, dans la salle d'attente de la station de Pont-Maugis aux fins suivantes :

Attendu que, par lettres échangées aux dates respectives des 8 et 25 août 1872, entre M. le Préfet des Ardennes d'une part, et MM. A. Lebon et Otlet, ès qualités sus-énoncées, d'autre part, il a été désigné, d'un commun accord, entre les deux parties ci-dessus dénommées, pour, dans l'intérêt des chemins de fer départementaux qu'il dirige, et contradictoirement avec M. Henri Willems, Ingénieur-directeur des travaux du chemin de fer de Lérouville à la ligne des Ardennes, près Sedan, également désigné d'un commun accord entre les deux parties ci-dessus dénommées.

Arrêter le compte des dépenses faites par l'Administration des chemins de fer départementaux sur la ligne du chemin de fer de Pont-Maugis à Remilly et à Mouzon, lequel compte les requérants se déclarent itérativement prêts à solder sans délai.

Et encore :

Attendu qu'un Décret du 17 juin 1872, rendu en Conseil d'état, a statué souverainement sur le tracé définitif du chemin de fer d'intérêt général de Lérouville à la ligne des Ardennes, près Sedan, et que, d'accord avec le Département des Ardennes, ledit tracé absorbe le chemin de fer d'intérêt local du Pont-Maugis à Mouzon et à Raucourt, dans la partie comprise entre le Pont-Maugis et Mouzon ;

Attendu qu'une Décision Ministérielle du 26 juin 1872, rendue en Conseil général des Ponts et Chaussées, et dont M. le Préfet des Ardennes est chargé d'assurer l'exécution en ce qui le concerne, approuve définitivement le projet du tracé et des terrassements dudit chemin de fer d'intérêt général ;

Attendu qu'une délibération du Conseil général des Ardennes, en date du 24 août 1872, a déclaré les requérants Cessionnaires des droits du département sur le chemin de fer d'intérêt local du Pont-Maugis à Mouzon et à Raucourt, à de certaines conditions que les requérants ont déclaré accepter dans toute leur teneur en ce qui les concerne;

Opérer la remise de ladite ligne entre les mains des requérants en en constatant l'état par un procès-verbal contradictoirement dressé entre ledit monsieur Mialaret, pour l'Administration des chemins de fer départementaux et ledit monsieur Henri Willems pour les requérants;

Et en outre :

Attendu que la Décision Ministérielle ordonne que les rails de 30 kilogrammes actuellement posés ou approvisionnés entre le Pont-Maugis, Remilly et Mouzon devront être remplacés par les rails définis par le cahier des charges qui régit la concession du chemin de fer de Lérouville à la ligne des Ardennes, près Sedan, à savoir des rails de 35 kilogrammes;

Attendu que M. le Préfet des Ardennes, chargé de l'exécution en ce qui le concerne, de la Décision Ministérielle précitée, annonce dans son rapport au Conseil général des Ardennes, réuni en session extraordinaire, le 20 février dernier, que l'exploitation de la ligne de Pont-Maugis à Raucourt va être entreprise au premier jour;

Attendu donc qu'il y a urgence à procéder à la réfection de la voie posée entre le Pont-Maugis et Remilly, et à l'établir en conformité des prescriptions gouvernementales avec assez de rapidité pour que les populations intéressées puissent jouir dans le plus bref délai du chemin de fer destiné à le desservir,

Assister au démontage de la voie actuelle, au fur et à mesure de l'établissement de la voie réglementaire et définitive,

Lui déclarant que faute par lui de se rendre au lieu et à l'heure susdésignés, aux fins ci-devant précisées, il y sera procédé en son absence, vu l'urgence;

Attendu que les requérants s'étant rendus eux-mêmes ledit jour à ladite heure, audit lieu, accompagnés de M. Henri Willems et de M. Huet, huissier près le Tribunal civil de Sedan, y demeurant, ont constaté le défaut dudit Mialaret et se sont trouvés en présence de M. Albert Brun, Sous-Préfet de Sedan, accompagné d'un officier commandant un piquet de gendarmerie à cheval;

Attendu qu'ayant décliné à M. le Sous-Préfet de Sedan leur qualité, ils lui ont demandé si sa présence à Pont-Maugis ne se rapporterait pas au même objet qui les y amenait eux-mêmes, à quoi M. le Sous-Préfet a répondu affirmativement;

Attendu que M. le Sous-Préfet leur a exposé que sur l'ordre de M. le Préfet des Ardennes, il s'opposait à ce qu'il fût procédé au démontage de la voie actuelle du chemin de fer de Pont-Maugis à Mouzon et à Raucourt, au fur et à mesure de l'établissement de la voie réglementaire et définitive, ainsi que le porte la sommation signifiée à M. Mialaret, le jeudi 27 février 1871, par acte de Renard, huissier à Charleville;

Attendu qu'il leur a déclaré que, faute par eux de se conformer à cette défense, il s'y opposerait par tous les moyens en son pouvoir.

Et quant à la remise de ladite ligne entre les mains des réquérants, en en constatant l'état par un procès-verbal contradictoirement dressé.

Attendu que M. le Sous-Préfet a répondu aux requérants sur ce point qu'il n'avait pas d'instructions pour suppléer à l'absence de M. Mialaret, et que le Département étant en possesssion de cette voie ferrée, son devoir était de la faire respecter ;

Atttendu que M. le Sous-Préfet s'est retiré après avoir signé la déclaration qui précède ;

Attendu qu'en présence de cette déclaration, les requérants se sont abstenus de toutes opérations concernant la voie, surtout alors que la présence d'un piquet de gendarmerie à cheval indiquait l'intention de, s'il le fallait, appuyer l'opposition de l'Administration départementale par la force et se sont contentés de protester contre le refus de leur remettre la ligne du chemin de fer de Pont-Maugis à Mouzon et à Raucourt, dont ils sont Cessionnaires aux termes de leur contrat avec le Département des Ardennes.

De quoi le procès-verbal a été dressé par l'huissier Huet, signé par M. Bouchez-Levernieux, mandataire verbal des requérants ainsi que par M. Henri Willems, susnommé, dûment enregistré à Sedan.

Pour au principal, voir renvoyer les parties à se pourvoir, et dès maintenant et par provision, voir dire et ordonner ;

Que par un expert convenu ou nommé d'office et assermenté, il sera

Dressé un état de la situation actuelle du chemin de fer d'intérêt local de Pont-Maugis à Mouzon et à Raucourt pour servir de base au règlement du compte, à intervenir entre l'Administration des chemins départementaux et les requérants aux termes du contrat existant entre M. le Préfet des Ardennes, représentant l'Administration des chemins départementaux et les requérant par lettres échangées aux dates respectives des 8 et 25 août 1872,

Procédé, aux frais des requérants, au démontage de la voie actuelle au fur et à mesure de l'établissement de la voie réglementaire et définitive, conformément aux prescriptions de la Décision ministérielle du 26 juin 1872 et de façon à ce que les populations intéressées puissent jouir dans le plus bref délai du chemin de fer destiné à les desservir et enfin maintenir ladite ligne dans la situation où elle se trouve à cette heure, sauf la réfection de voie ci-dessus.

Voir ordonner l'exécution provisoire de l'ordonnance à intervenir, nonobstant opposition ou appel et sans caution, même sur minute et avant l'enregistrement, vu l'urgence, sous toutes réserves.

Et à ce qu'il n'en ignore, en parlant comme dessus, je lui ai laissé copie du présent exploit.

(Signé) : A. RENARD.

Annexe XXXVIII.

ORDONNANCE DU JUGE EN RÉFÉRÉ.

L'an 1873, le 8 mars, à 1 heure de relevée, par-devant nous, Neveux, président du Tribunal civil de Charleville, tenant audience des référés ;

   Ont comparu, etc.

Sur quoi Nous Président, après avoir entendu MM^{es} Luxer, Bouchez et Jacquemard en leurs plaidoiries et conclusions, M. Mialaret aussi entendu, ainsi que le représentant officieux de MM. Lebon et Otlet,

Avons rendu l'ordonnance suivante :

Vu l'assignation susdénoncée, en date du 7 mars, présent mois ;

Attendu que les sieurs Lebon et Otlet demandent, au principal, à ce que les parties soient renvoyées à se pourvoir, mais que dès maintenant et par provision, il soit, par un expert nommé d'office et assermenté, dressé un état de la situation actuelle du chemin de fer d'intérêt local du Pont-Maugis à Mouzon et à Raucourt, pour servir de base au règlement du compte à intervenir entre eux et l'Administration des chemins de fer départementaux, aux termes du contrat existant entre M. le Préfet des Ardennes représentant l'Administration des chemins de fer départementaux et les requérants, par lettres échangées aux dates respectives des 8 et 25 août 1872 ; qu'il soit procédé à leurs frais au démontage de la voie actuelle, au fur et à mesure de l'établissement de la voie réglementaire et définitive, conformément aux prescriptions de la Décision ministérielle du 26 juin 1872 ;

Attendu que Lebon et Otlet renoncent au deuxième chef des conclusions formulées par leur assignation ;

Sur la non-recevabilité de la demande :

Attendu qu'aux termes des lois en vigueur, c'est le Préfet qui représente le Département dans toute action judiciaire, soit en demandant soit en défendant ;

Qu'il n'y a lieu de rechercher si le chemin de fer d'intérêt local de Pont-Maugis à Raucourt et à Mouzon est un bien patrimonial du Département ou un immeuble affecté à un usage public départemental, puisque dans un cas comme dans l'autre, le Préfet tient de la loi la mission de représenter le Département dans les instances judiciaires où les intérêts, quels qu'en soient la nature et le caractère, se trouvent engagés ;

Attendu que Lebon et Otlet ont méconnu ce principe des attributions préfectorales, en appelant en référé Mialaret, Directeur des chemins de fer départementaux des Ardennes ; que si dans la distribution des services administratifs de la préfecture des Ardennes, Mialaret a été chargé de l'étude et de la construction des chemins de fer d'intérêt local et a reçu le titre de Directeur de cet important service, il n'en est pas moins resté un employé entièrement subordonné au Préfet, n'agissant que sous l'impulsion et d'après les instructions du Préfet ; que n'ayant aucune initiative propre, il n'assume vis-à-vis des tiers aucune responsabilité personnelle, et ne saurait surtout engager en justice la responsabilité du Préfet; que dès lors il excipe avec raison de son défaut de mandat et de qualité pour figurer à un titre quelconque dans l'instance actuelle;

Réservant la question de compétence, pour y être statué, le cas échéant, par les juges du principal, déclarons non recevable la demande formée contre Mialaret par Lebon et Otlet;

Disons qu'il n'y a lieu d'accueillir cette demande et renvoyons Lebon et Otlet à se pourvoir contre qui de droit;

Tous droits moyens et dépens réservés.

Ainsi fait et ordonné en notre cabinet au palais de justice à Charleville, les jours, mois et an que dessus et avons signé avec notre Commis-greffier après lecture faite.

(Signé) : O. **Neveux**.

(Signé) : J. **Lallement**.

Annexe XXXIX.

-

PROCÈS-VERBAL DE CONSTAT.

L'an 1873, le 31 mars.

A la requête de MM. Lebon et Otlet, Concessionnaires de l'Etat, du chemin de fer d'intérêt général de Lérouville à la ligne des Ardennes, près Sedan, Cessionnaires du département des Ardennes, du chemin de fer d'intérêt local du Pont-Maugis à Mouzon et à Raucourt, dont le Siége social est établi à Paris, rue de Berlin n° 40 et rue de Saint-Pétersbourg n° 2, pour lesquels domicile est élu en l'étude de M. Bouchez-Levernieux, avoué près le Tribunal civil de première instance de Charleville, y demeurant :

Je soussigné Eugène Huet, huissier au Tribunal civil, séant à Sedan, y demeurant.

Me suis transporté à Pont-Maugis et là j'ai constaté contre qui de droit, d'abord l'existence d'une affiche apposée dans l'intérieur de la gare, annonçant la mise en exploitation à partir de ce jour par la Compagnie de l'Est du chemin de fer de Pont-Maugis à Mouzon et à Raucourt, dans la partie comprise entre Pont-Maugis et Raucourt; et en second lieu la mise en exploitation effective de ladite voie par l'établissement du service des trains, dont l'un devant partir de Raucourt à 10 heures 55 minutes du matin, est arrivé en gare à Pont-Maugis à 11 heures 33 minutes.

La présente constatation est faite comme protestation contre les agissements de l'Administration départementale représentée par ses agents légaux.

Attendu en effet : que MM. Lebon et Otlet, Concessionnaires du chemin de fer d'intérêt général de Lérouville à la ligne des Ardennes, près Sedan, étant en même temps Cessionnaires du département des Ardennes, des droits comme des obligations inhérents au chemin de fer de Pont-Maugis à Mouzon et à Raucourt, c'était à eux qu'il appartenait de remettre à qui de droit l'exploitation du dit chemin, d'y pourvoir et de la régler conformément au Décret du 9 novembre 1867 et au cahier des charges y annexé.

De ce que dessus j'ai rédigé le présent procès-verbal pour servir et valoir ce que de droit, lequel a été signé par M. Henri Hertogs, ingénieur de la Compagnie, représentant les réquérants et dont j'étais assisté.

(Signé) : E. Huet.

(Signé) : Henri Hertogs.

Annexe XL.

SIGNIFICATION DU PROCÈS-VERBAL DE CONSTAT.

L'an 1873, le 1er avril.

A la requête de MM. A. Lebon et Otlet, Concessionnaires de l'Etat, du chemin de fer d'intérêt général de Lérouville à la ligne des Ardennes, près Sedan, Cessionnaires du département des Ardennes du chemin de fer d'intérêt local du Pont-Maugis à Mouzon et à Raucourt, dont le siége social est établi à Paris, rue de Berlin n° 40, et rue Saint-Pétersbourg, n° 2, pour lesquels domicile est élu en l'étude de M. Bouchez-Levernieux, avoué près le Tribunal civil de première instance de Charleville, y demeurant.

J'ai Alfred Renard, huissier près le Tribunal civil de Charleville, y demeurant, soussigné, signifié, dénoncé et donné copie :

1° A M. le Préfet du Département des Ardennes, en cette qualité, demeurant à Mézières, en ses bureaux sis audit lieu, où étant et parlant à sa personne ;

2° Et à M. Mialaret, en sa qualité de Directeur des chemins de fer départementaux des Ardennes, demeurant à Mézières, en son domicile et en parlant à une personne à son service ainsi dénommée ;

D'un procès-verbal dressé à la requête des requérants par le Ministère de Huet, huissier à Sedan en date du 31 mars 1873 enregistré, pour constater la mise en exploitation, par la Compagnie du chemin de fer de l'Est, du chemin de fer de Pont-Maugis à Mouzon et à Raucourt, et pour protester contre ce fait qui porte atteinte aux droits desdits requérants sur ledit chemin ;

A ce que M. le Préfet et M. Mialaret n'ignorent du contenu dudit procès-verbal ; leur réitérant en tant que de besoin les protestations qui y sont consignées dans l'intérêt des requérants ;

Et je leur ai à chacun séparément, étant et parlant comme dessus, laissé en outre copie du présent exploit.

(Signé) : A. Renard.

Reçu copie.

Mézières, le 1er avril 1873.

Le Préfet,
(Signé) : Tirman.

Annexe XLI.

CONSEIL GÉNÉRAL DES ARDENNES

PREMIÈRE SESSION DE 1873.

Extrait du Rapport de Monsieur le Préfet.

La réception du chemin de fer entre Pont-Maugis, Remilly et Raucourt, a eu lieu le 24 mars, par la commission instituée à cet effet.

L'exploitation sera commencée quand vous recevrez ce rapport.

Pour obtempérer à votre délibération du 21 février dernier, je me suis mis en rapport avec la Compagnie des chemins de fer de l'Est, qui, par un traité en date du 13 mars courant, s'est engagée à remplir à ses frais, risques et périls, les engagements contractés par le Département, et qui consistent à exécuter la portion du chemin comprise entre Remilly et Mouzon, et à créer une gare à Remilly. Aux termes de ce traité, la compagnie aura la jouissance pleine et entière de la concession départementale, et elle exploitera cette concession, à ses risques et périls, dans des conditions très-satisfaisantes, qui sont consignées dans le traité. En outre, la Compagnie de l'Est consent à nous rembourser les dépenses faites entre Pont-Maugis et Remilly, arbitrées d'un commun accord à 145,000 francs.

J'ai l'honneur de déposer sur votre bureau un exemplaire du traité dont il s'agit.

Ainsi se trouvent résolues, pour ce qui nous concerne tout au moins, les difficultés qui s'étaient élevées à propos de ce chemin, par suite de la concession d'intérêt général de Sedan à Lérouville. Nous n'avons plus à redouter de concurrence, et, par suite, de déficit dans les résultats d'une exploitation qui aurait pu devenir onéreuse.

ANNEXES XLII.

Extrait des procès-verbaux au Conseil général des Ardennes.

PREMIÈRE SESSION DE 1873.

Séance du 16 avril 1873.

RÉTROCESSION A LA COMPAGNIE DE L'EST DU CHEMIN DE FER DE PONT-MAUGIS
A MOUZON ET A RAUCOURT.

M. Riché, au nom des Commissions des routes et des finances, fait le rapport dont voici la substance :

« Le Décret du 9 novembre 1867 ayant concédé au Département des Ardennes un chemin de fer de Pont-Maugis à Mouzon, nous avont été surpris d'apprendre qu'un Décret de juin 1872 avait également placé, sur la rive gauche de la Meuse, la partie entre Mouzon et Pont-Maugis, d'un chemin de Lérouville vers Sedan, concédé par l'État à la Compagnie Lebon et Otlet.

» Sans doute le Gouvernement n'était par obligé de nous avertir avant de rendre ce dernier Décret; car il n'est pas exact de dire que la direction imprimée à la ligne de la Compagnie de Lérouville absorbe notre tracé : les deux chemins peuvent matériellement co-exister.

» Mais la juxta-position des deux lignes devant nuire au trafic de toutes deux, le Gouvernement aurait pu, avant de rendre le Décret de juin 1872, donner un signal tendant à provoquer une entente entre quatre intérêts en présence : l'État, le Département des Ardennes, la Compagnie Lebon de Lérouville, la Compagnie de l'Est, celle-ci comme appelée par le décret de 1867 à exploiter pendant douze ans les chemins concédés aux Ardennes par un traité qui est la base de la subvention de l'État et inhérent à diverses dispositions du décret.

» Nous aurions consenti à renoncer à notre Décret de 1867, pourvu qu'il n'en subsistât pas la clause qui nous lie à la Compagnie de l'Est.

» Plus tard, en 1870, la Compagnie Lebon se rattacha à l'idée d'obtenir la cession de nos droits ; mais protesta en même temps, notamment dans les conférences avec la Compagnie de l'Est, dans une lettre adressée au Préfet le 2 janvier 1872 et dans d'autres écrits, qu'elle ne pouvait subir l'exploitation par la Compagnie de l'Est peu compatible, il est vrai, avec la dignité et le développement d'une Compagnie qualifiée d'intérêt général, comme Lérouville.

» Cette idée de cession fut bien accueillie par nous en octobre 1871, dans l'espoir par nous alors exprimé que la Compagnie de l'Est renoncerait à ce traité d'exploitation qu'elle avait déclaré ne souscrire que pour nous rendre service, et dans la pensée que l'État agréerait la Compagnie Lebon pour nous succéder.

« Le Ministère, en effet, admettant l'opinion des conseils consultatifs qui l'entourent, sur la simplification raisonnable qui résulterait de la substitution de la Compagnie Lebon à nos droits, nous invita à demander la *décharge* de notre concession, afin de tout *régulariser*.

« Nous ne pouvions accepter plusieurs de ces expressions : ce n'était pas à nous à solliciter une décharge, mais à accorder une renonciation, si on nous donnait une entière sécurité.

» Mais au lieu de nous promettre cette sécurité, le Ministère réservait *les droits des tiers*, c'est-à-dire les droits de la Compagnie de l'Est à douze ans d'exploitation.

» En même temps, notre espoir sur l'abnégation de la Compagnie de l'Est s'affaiblissait, quoique toujours exprimé.

» Dans cette situation, différente de celle qui nous avait souri en octobre 1871, nous dûmes abandonner la résolution éventuelle alors votée et « prendre une attitude conservatoire de nos droits. »

» Le 22 août 1872, le Conseil général dit au Gouvernement auquel seul il parla a'ors :

» Nous sommes prêts à abdiquer les droits que nous confère le Décret de novembre 1867, mais à la condition que ce décret sera aussi abrogé en ce qu'il nous impose relativement à la Compagnie de l'Est.

» Vous, Gouvernement, obtenez de la Compagnie de l'Est qu'elle a abandonné ce traité, qui, nous le répétons, pose la Compagnie comme n'agissant que pour nous rendre service, — ou bien, si elle est privée de cette exploitation, protégez-nous contre tout recours de sa part ;

» Ou bien encore. acceptez Lérouville pour nous succéder, et que Lérouville nous garantisse contre toute action de l'Est, privé de son exploitation.

» Puis nous formulions, sous le régime de ces hypothèses, notre programme éventuel de conditions à souscrire par Lérouville.

» De concert avec cette Compagnie, M. le Préfet demanda au Gouvernement l'abrogation du Décret de novembre 1867, nous liant à l'Est.

» Vous savez qu'elle a été refusée. Dès lors tombait tout ce qui était subordonné par nous à cette condition.

» La clause de garantie, par exemple, contre toute réclamation de l'Est, clause inhérente à la cession à Lérouville, était inapplicable, dès que l'Est, devant exploiter, n'avait plus à faire de réclamation.

» Le Gouvernement ne motiva son refus d'abroger le Décret que sur le refus de l'Est de consentir à cette abrogation, motif tout à fait suffisant pour expliquer la résolution du Gouvernement. Mais nous avons la conviction profonde que le Gouvernement obéit en outre à une inspiration d'un autre ordre, en refusant de se prêter à tout ce qui pouvait faciliter une cession de nos droits à Lérouville, parce que le Gouvernement, sous des impressions nouvelles, ne voudrait plus approuver cette cession.

» Le Gouvernement paraît s'être préoccupé d'influences sous lesquelles pourrait être placée l'exploitation de la ligne voisine de Sedan.

» Pas d'équivoque : peu importe à quels noms inactifs appartiendrait la propriété, de quelles sources émanerait le capital. Mais si une Compagnie quelconque, par un pacte quelconque ostensible ou secret, pouvait confier la direction de l'exploitation à des mains dont le zèle à faciliter, le cas échéant, les mouvements d'une armée française, fût suspect à notre Gouvernement, celui-ci se croit le devoir d'empêcher, s'il le peut, par des moyens directs ou indirects, le développement d'une telle Compagnie. L'offre par la Compagnie, de laisser le Gouvernement faire ou confirmer le choix de ses administrateurs, ne serait pas acceptable.

» L'élection par les actionnaires est une loi fondamentale. Un gouvernement ne pourrait prendre la responsabilité des choix, et d'ailleurs la direction de fait pourrait toujours être confiée à qui la Compagnie voudrait, sous le couvert d'Administrateurs apparents.

» Même un Gouvernement neutre, il y a quelques jours, n'a pas reculé devant un sacrifice considérable pour racheter le chemin du Luxembourg à une Compagnie qui ne lui a pas paru complétement indépendante d'influences allemandes, et une assez grande émotion en Belgique a déterminé cette mesure.

» Le représentant de M. Lebon proteste avec une chaleur dont nous lui savons gré, contre des faits que le Ministère croit vrais. Il se peut que les craintes du Ministère soient exagérées ou chimériques, malgré des similitudes de noms et des analogies belges; mais nous serions mal inspirés en protestant contre le sentiment national qui est au fond de ces craintes; et nous savons avec quelle mauvaise foi les passions politiques peuvent exploiter, contre le Gouvernement ou contre un Conseil général, de légitimes susceptibilités de l'esprit public.

» N'avons-nous pas vu, en 1871, des journaux de Paris, sans respect pour une loyale et glorieuse épée, raconter que le Conseil des Ardennes venait, sous la direction du général Chanzy, de donner à des Prussiens le chemin de Rethel à Soissons! Voilà ce que nous aurions fait (et nous étions unanimes), délibérant au milieu des ruines de Mézières : Nous! Et ce bruit parce que, parmi les capitalistes auxquels nous avions promis cette concession, figurait à notre insu, non pas des banquiers de Berlin, mais un banquier de Paris, né dans une cité républicaine longtemps avant que la Prusse ne s'incorporât de force cette Cité. Aujourd'hui il ne s'agirait pas de capitaux toujours bons à recueillir, quelle que soit leur origine, hommage et tribut utiles à la France; mais de la direction effective, avec ou sans voiles, de *l'exploitation*.

» Quoi qu'il en soit, en présence de la détermination du Gouvernement, qui nous ferme toutes relations ultérieures avec MM. Lebon et Otlet, nous n'avons plus d'intérêt à scruter ce mystère d'affiliations intimes, ni à contester les dénégations faites à ce sujet; dénégations que votre rapporteur accepte volontiers.

» Car le Département concessionnaire ne peut transférer sa Concession sans l'agrément du Gouvernement concédant, participant aux bénéfices. S'il y avait doute, l'interprétation du Décret de 1867, à cet égard comme à tous autres, appartiendrait au contentieux administratif; mais le doute n'est pas possible.

» Un chemin de fer n'est pas une propriété de droit commun. C'est un service public concédé. Si le Conseil général peut, depuis la loi d'août 1871, aliéner librement ses propriétés autres que celles affectées à divers services, un alinéa spécial aux chemins de fer ne lui permet que de pourvoir à la construction, d'assurer l'exploitation, par des traités ou dispositions. Il n'est pas autorisé à aliéner son titre, sa Concession, sans le consentement du Gouvernement.

» Non : la puissance publique n'a pu abdiquer son droit de *veto*, son droit inaliénable comme un devoir de veiller à la sûreté nationale. Sans cela quel moyen aurait le Gouvernement, en présence des lois récentes sur la liberté des Sociétés même étrangères, pour empêcher des mains ennemies de s'emparer d'un de nos services publics, de venir, avec à-propos, au secours d'une Société française ou belge, titulaire d'un chemin de fer sur la frontière, d'acheter le droit d'exploiter même un chemin appartenant à un Conseil général, trompé par des prête-noms?

» La jurisprudence a même reconnu que la condition de cette approbation est tellement sous-entendue, que si elle est refusée il n'y a pas lieu, de part et d'autre, à réclamer des dommages-intérêts, la nécessité de l'approbation ayant dû être prévue.

» Dominée par cette situation, votre délibération du 21 février dernier, constatant l'impossibilité de donner suite aux transactions conditionnelles intervenues avec MM. Lebon et Ollet, a invité M. le Préfet à traiter avec la Compagnie de l'Est, de manière que son exploitation pour le compte du Département se transforme en une exploitation pour le compte de l'Est, et que le Département soit affranchi de toutes éventualités.

» M. le Préfet a très-bien rempli ce mandat, par le traité dont vos Commissions des routes et des finances ont reconnu la conformité avec le mandat. Dès lors, vous n'avez plus qu'à constater l'accomplissement de la mission que vous aviez donnée, à demander au Gouvernement d'approuver cette cession, et de la faciliter en sacrifiant l'espérance problématique d'un partage des bénéfices au delà d'un certain degré, sacrifice qui sera bien compensé par la suppression de la subvention à nous promise par l'État, pour ce qui nous restait à construire.

» Déjà M. l'Ingénieur en chef du contrôle a conclu en ces termes, à cette approbation :

« Monsieur le Préfet,

» Je ne peux que féliciter le Conseil général des Ardennes de n'avoir pas voulu
» sacrifier une concession qui date de 1867, à une autre concession beaucoup plus
» récente qui rendra, je n'en doute pas, des services, mais qui ne saurait offrir des
» garanties de bonne exploitation aussi sérieuses que la Compagnie de l'Est.

» Il n'y a, dans le traité du 13 mars 1873, qu'une clause qui puisse paraître, au
» premier abord, onéreuse pour l'Etat et pour le Département, c'est celle qui affranchit
» le Concessionnaire du partage des bénéfices au delà d'un certain taux ; mais pour
» mon compte je trouve ce sacrifice bien léger : ce serait s'abuser étrangement que
» de compter sur des revenus brillants et immédiats produits par l'exploitation
» d'une ligne d'importance secondaire comme celle de Pont-Maugis à Mouzon et à
» Raucourt. Avec ses grandes ressources en personnel et en matériel, la Compagnie
» de l'Est pourra, je l'espère, y faire ses frais. Mais arrivera-t-elle jamais à y faire
» des bénéfices? Il est permis d'en douter.

» Pour ces motifs, je n'hésite pas à proposer d'approuver, sans changement, le
» traité que vous avez soumis au Gouvernement.

» Agréez, etc.

» *L'Ingénieur en Chef du Contrôle,*
» (Signé) : HACHETTE.

« Avouons encore un autre avantage pour nous, celui de rejeter sur la Compagnie de l'Est les inconvénients que pourrait avoir la juxta-position de la ligne concédée à la Compagnie Lebon, mise en demeure, par le Ministre, le 26 février dernier, d'indiquer son tracé : le Ministre rend ainsi un nouvel hommage aux droits résultant de notre Décret de 1867. — Que si la Compagnie Lebon invoque contre le Gouvernement son Décret de juin 1872 qui nous est étranger, nous ne comprenons pas en quoi un procès de la Compagnie Lebon contre le Département des Ardennes serait utile aux rapports amiables ou litigieux, entre la Compagnie Lebon et le Gouvernement ou la Compagnie de l'Est.

» Néanmoins, c'est nous qu'on a choisis comme victimes des démonstrations processives auxquelles M. le Préfet fait allusion à la fin de son rapport. On avait même, le lendemain de votre délibération du 21 février qui refusait à M. Lebon tout droit sur votre chemin, essayé une manifestation de prise de possession, par les agents de M. Lebon, de ce chemin. Ils devaient, dit leur mémoire, remplacer vos rails par d'autres, acte symbolique de la possession par Lebon. Le Directeur de vos chemins reçut une invitation dérisoire à cette cérémonie. Il était plus utile de contenir, par la présence de gendarmes et de l'autorité, les ouvriers appelés pour remplacer vos rails. Le mémoire de M. Lebon paraît persuadé que ce sont le Sous-Préfet et les gendarmes qui ont joué un rôle ridicule. Nous n'attribuons pas l'invention de cette expédition, d'une familiarité un peu risquée, aux gens d'esprit qui ont représenté près de nous M. Lebon : l'idée de la force qui prime le droit, de la prise de possession par voie de fait, nous semble une idée analogue à celles qui, dit-on, ont cours à Berlin. Ensuite on s'est avisé de traduire en référé un employé supérieur de la Préfecture, pour le faire condamner à livrer le chemin à M. Lebon. Enfin on a adressé à M. le Préfet et à un certain nombre d'entre vous une assignation, dont le rapport de M. le Préfet indique la forme irrégulière et vicieuse. On vous considère comme les conseillers d'administration d'une entreprise de roulage ; et encore, dans cette hypothèse, c'est le Préfet, seul gérant, voiturier en chef, qui devrait être seul cité. En effet, si le Département exploitait sans intermédiaire le chemin, un procès pour un colis fourvoyé devrait être dirigé contre le Département, représenté en justice par le seul Préfet, et porté devant le tribunal de commerce selon les uns, devant la juridiction administrative selon d'autres, et après l'accomplissement des préliminaires exigés par la loi de 1871, pour toute action reposant sur une prétention quelconque contre un département. Mais ici il ne s'agit pas d'un fait de voiturage : il s'agit de savoir si le département des Ardennes a cédé sa concession purement et simplement, ou sous condition non accomplie, et s'il avait le droit de la céder sans l'autorisation du Gouvernement ; question qui finira par être jugée par la juridiction compétente si le procès prend enfin une forme légale et pratique.

» Vos Commissions combinées des finances et des routes, sans qu'aucune dissidence se soit révélée dans leur sein, vous proposent, Messieurs, la résolution suivante :

» Le Conseil général,

» Vu le décret du 9 novembre 1867 ;

» Vu sa délibération du 21 février dernier ;

» Vu le traité signé le 13 mars dernier par les représentants de la Compagnie de l'Est et M. le Préfet, traité ci-après annexé :

» Ensemble les pièces communiquées par M. le Préfet ;

» Donne acte à M. le Préfet de l'accomplissement du mandat qu'il avait reçu le 21 février, déclare le traité ratifié comme conforme au mandat ;

» Autorise M. le Préfet à signer tous arrangements utiles à l'exécution du traité et à la garantie du Département ;

» Supplie le Gouvernement de vouloir bien, dans le plus bref délai possible, approuver les modifications du décret du 9 novembre 1867 qui sont la suite dudit traité ;

» Renoncer notamment à l'application de l'article 4 du décret du 9 novembre 1867 réservant à l'État une part dans les bénéfices éventuels de la partie déjà exécutée. »

Les conclusions de la Commission sont mises aux voix et adoptées.

Traité.

Entre :

Le Département des Ardennes, représenté par M. Tirman, Préfet du Département, agissant en vertu des pouvoirs qui lui ont été conférés [par délibération du Conseil général, en date du vingt et un février mil huit cent soixante-treize, d'une part ;

Et la Compagnie des chemins de fer de l'Est, représentée par MM. Alphonse Baude et Henri Galos, administrateurs, agissant en vertu des pouvoirs qui leur ont été donnés par délibération du Conseil en date du treize mars mil huit cent soixante-e, d'autre part ;

Il a été arrêté ce qui suit, sous la réserve de l'approbation du Gouvernement et de l'Assemblée générale des actionnaires des chemins de fer de l'Est.

ARTICLE 1er. — Le Département des Ardennes cède à la Compagnie des chemins de fer de l'Est, la jouissance et l'exploitation de la ligne d'intérêt local de Pont-Maugis à Raucourt et à Mouzon, reconnue d'utilité publique par le Décret impérial du neuf novembre mil huit cent soixante-sept.

Cette cession est faite aux clauses et conditions du cahier des charges du vingt-cinq juillet mil huit cent soixante-sept, approuvé par délibération du vingt-sept août suivant, du Conseil général, et annexé au Décret impérial du neuf novembre de la même année.

De son côté, la Compagnie de l'Est s'engage à se soumettre aux clauses et conditions dudit cahier des charges.

ART. 2. — La Compagnie du chemin de fer de l'Est s'engage à exécuter à ses frais, risques et périls, sans autre subvention que celle stipulée à l'article trois, tous les travaux nécessaires pour achever de construire le chemin énoncé ci-dessus, de manière à ce que ledit chemin soit terminé et exploité entre Pont-Maugis et Mouzon, pour l'époque où le chemin d'intérêt général de Sedan à Lérouville sera ouvert entre Mouzon et Verdun.

Art. 3. — Le département des Ardennes remettra gratuitement à la Compagnie les terrains et les travaux dans leur état actuel entre Remilly et Raucourt, y compris les terrains déjà achetés pour la gare de Remilly, dont la Compagnie pourra disposer à son profit au cas où cette station, qu'elle s'engage à exécuter, serait déplacée et reportée à la bifurcation de Remilly.

Art. 4. — La Compagnie des chemins de fer de l'Est remboursera au Département des Ardennes les dépenses faites par ledit Département entre Pont-Maugis et Remilly, arbitrées d'un commun accord à la somme de cent quarante-cinq mille francs, payable après l'approbation du présent traité par le Gouvernement.

La Compagnie de l'Est ne réclamera rien au Département des Ardennes pour les travaux actuellement exécutés par elle dans la gare de Pont-Maugis.

La Compagnie de l'Est remboursant ainsi au Département toutes les dépenses déjà faites entre Pont-Maugis et Remilly, et se chargeant d'exécuter entièrement à ses frais les travaux restant à faire sur cette ligne et sur la prolongation jusqu'à Monzon, il est entendu que les stipulations de l'article quatre du Décret du neuf novembre mil huit cent soixante-sept ne seront pas appliquées à la ligne de Pont-Maugis à Mouzon, et que tous les produits de cette ligne sont entièrement acquis à la Compagnie de l'Est.

Le Département des Ardennes, qui ne réclame rien dans les bénéfices éventuels de l'exploitation de l'embranchement de Remilly à Raucourt, sollicitera du Gouvernement la renonciation à l'application de l'article quatre du Décret du neuf novembre mil huit cent soixante-sept, en ce qui concerne cet embranchement.

Art. 5. — La Compagnie de l'Est ne pourra réclamer au Département ni aux Communes aucune part des subventions versées ou à verser.

Art. 6. — Le traité des premier et onze octobre mil huit cent soixante-six, entre la Compagnie de l'Est et le département des Ardennes, annexé au Décret du neuf novembre mil huit cent soixante-sept, ne sera pas appliqué à la ligne de Pont-Maugis à Raucourt et à Mouzon, la Compagnie de l'Est acceptant par la présente cession l'exploitation de ladite ligne à ses frais, risques et périls.

Art. 7. — La Compagnie de l'Est s'engage à exploiter la ligne de Pont-Maugis à Remilly et à Raucourt dès qu'elle lui sera remise.

L'exploitation comprendra un train journalier de marchandises, et pour les voyageurs un service d'omnibus à traction de chevaux, en correspondance avec trois trains de la ligne de Sedan à Thionville.

Lorsque la ligne sera ouverte entre Pont-Maugis et Mouzon, le même service sera installé de la même manière sur l'embranchement de Remilly à Raucourt.

Le nombre des trains de voyageurs, entre Pont-Maugis et Mouzon, sera au moins de trois par jour dans chaque sens.

Ces trains pourront être mixtes.

Art. 8. — Le présent traité aura une durée de quatre-vingt-dix-neuf ans, à partir du jour de la mise en exploitation de la ligne de Pont-Maugis à Mouzon.

A l'époque fixée pour l'expiration du présent traité, et par le seul fait de cette expiration, le Département reprendra la jouissance du chemin de fer et de ses dépendances, et il entrera immédiatement en possession de tous ses produits.

La Compagnie sera tenue de lui remettre, en bon état d'entretien, le chemin de fer et tous les immeubles qui en dépendent, qu'elle qu'en soit l'origine ; tels que les bâtiments des gares et stations, les remises, ateliers et dépôts, les maisons de garde, etc. Il en sera de même de tous les objets immobiliers dépendant également dudit chemin ; tels que les barrières et clôtures, les voies, changements de voies, plaques tournantes, réservoirs d'eau, grues hydrauliques, machines fixes, etc.

Dans les cinq dernières années qui précéderont le terme du présent contrat, le Département aura le droit de saisir les revenus du chemin de fer et de les employer à rétablir en bon état le chemin de fer et ses dépendances, si la Compagnie ne se mettait pas en mesure de satisfaire pleinement et entièrement à cette obligation.

Les objets mobiliers, tels que le matériel roulant, les matériaux, combustibles et approvisionnements de tout genre, le mobilier des stations, l'outillage des ateliers et des gares, resteront la propriété exclusive de la Compagnie des chemins de fer, qui pourra en disposer à sa convenance.

Fait en double à Paris, le treize mars mil huit cent soixante-treize.

Signé : GALOS,
Signé : Alphonse BAUDE,
Signé : TIRMAN.

Annexe LXIII.

CONSEIL GÉNÉRAL DE LA MEUSE

PREMIÈRE SESSION DE 1873.

Extrait du Rapport de Monsieur le Préfet.

Les projets du tracé, des terrassements et des emplacements, des stations de la ligne de Lérouville à Sedan dans le département de la Meuse, sont approuvés, sauf en ce qui concerne le tracé aux abords de Lérouville, pour lequel il n'y a pas d'accord, quant à présent, entre la compagnie de Lérouville et celle de l'Est, et aux abords de Verdun où l'instruction à faire, de concert avec le génie militaire, n'a pas encore été menée à fin. A part ces réserves, les plans parcellaires ont été approuvés par arrêté préfectoral du 12 mars 1873, pour le parcours entre Lérouville et Verdun. Les plans parcellaires de la partie comprise entre Verdun et le département des Ardennes ont été soumis à l'enquête, par arrêté du 8 mars 1873.

Dans le département des Ardennes, la situation est moins avancée. Jusqu'ici il n'y a d'approuvé que le projet général du tracé et des terrassements.

M. l'ingénieur en chef Duméril, chargé du contrôle des travaux de cette ligne, fait espérer que la section de Lérouville à Verdun pourra être terminée au commencement de l'année prochaine. Il ajoute que, pour le surplus de la ligne, il n'est pas possible de se prononcer d'une manière précise, mais que la compagnie paraît ne pas devoir dépasser le terme du 21 août 1875, fixé par le cahier des charges pour l'accomplissement de ses engagements.

Dès le 17 mars dernier, tous les vœux émis lors de votre session extraordinaire de mars et qui intéressent l'avenir de cette voie ferrée ont été transmis à l'Administration supérieure et aux divers fonctionnaires chargés du contrôle ou de l'exploitation. Depuis, M. le Ministre des Travaux publics m'a accusé réception, à la date du 25 mars, du vœu relatif à l'établissement de gares communes à Lérouville et à Sedan, à la jonction du chemin de fer de Lérouville à Sedan, avec la ligne de Paris à Avricourt et avec celle des Ardennes.

Une autre dépêche, du 28 mars 1873, de M. de Fourtou, ministre des Travaux publics, dont je vous donne copie ci-après, fournit des explications au sujet des lignes de Lérouville à Sedan et de Pont-Maugis à Mouzon, ainsi que sur la marche à suivre dans le cas où le département de la Meuse persisterait à refuser le paiement de la subvention d'un million votée en faveur de la première de ces deux voies.

Voici le texte de la dépêche précitée ;

« Vous m'avez fait l'honneur, de me transmettre, le 17 mars courant, plusieurs » délibérations prises par le Conseil général de la Meuse, au sujet du chemin de fer » de Lérouville à Sedan.

» Dans sa séance du 7 de ce mois, le Conseil général a décidé que, dans le cas
» où la Compagnie de Lérouville à Sedan ne serait pas mise en possession et jouis-
» sance de toute la ligne à elle concédée, et ne pourrait pas la construire dans les
» conditions du Décret de concession, c'est-à-dire en se rattachant à la ligne de Paris
» à Strasbourg, à Lérouville, se raccordant, dans la gare de Verdun, à la ligne de
» Reims à Metz, et en poussant son exploitation jusqu'à Sedan par la ligne des
» Ardennes, à laquelle elle se soude à Pont-Maugis, sans être obligée d'emprunter
» le chemin d'intérêt local de Pont-Maugis à Mouzon, auquel elle se substitue et
» qu'elle remplace définitivement, le Conseil général se considérerait comme
» dégagé des engagements contractés antérieurement et refuserait absolument de
» payer la subvention promise au chemin de Lérouville à Sedan.

» Ce vote paraît être motivé par des observations présentées par M. Bompard,
» député à l'Assemblée nationale, qui, en sa qualité de membre du Conseil général
» de la Meuse, a exposé à ce Conseil que la nouvelle situation faite aux concession-
» naires du chemin de fer de Lérouville à Sedan provenait de ce que la ligne de
» Pont-Maugis à Mouzon aurait été concédée, comme ligne d'intérêt local à la
» compagnie de l'Est, en février dernier, contrairement à l'avis du Conseil général,
» des Ponts et Chaussées et bien que de nombreuses protestations eussent été adres
» sées à ce sujet à l'Administration supérieure.

» Il y a là, Monsieur le Préfet, une double erreur que je dois vous signaler.

» La concession de la ligne d'intérêt local de Pont-Maugis à Mouzon est anté-
» rieure et non postérieure à celle du chemin de fer d'intérêt général de Lérouville
» à Sedan; elle est du 9 novembre 1867, tandis que la seconde est du 21 août
» 1869, date du Décret approuvant l'adjudication. D'un autre côté, l'État n'a rien
» concédé à la Compagnie de l'Est, c'est le Département des Ardennes qui a traité
» avec cette Compagnie pour l'exploitation du chemin de fer d'intérêt local, et ce
» traité a été approuvé par le Décret précité du 9 novembre 1867. J'ajouterai que
» la concession des chemins de fer d'intérêt local des Ardennes n'a donné lieu à
» aucune protestation et ne pouvait soulever de réclamation au moment où elle est
» intervenue, puisqu'à cette époque le chemin de fer de Lérouville à Sedan devait
» passer sur la rive droite de la Meuse pour desservir Dun et Stenay, et se trouvait
» dès lors complétement distinct de la ligne d'intérêt local de Pont-Maugis à Mouzon.

» La difficulté qui se présente aujourd'hui provient de ce que M. le
» Ministre de la Guerre ayant déclaré que les intérêts de la défense territoriale exi-
» geaient le maintien du tracé sur la rive gauche de la Meuse, le Décret du 19 juin
» 1868, déclarant d'utilité publique l'établissement du chemin de fer de Lérouville à
» Sedan, a dû être rapporté dans celles de ses dispositions qui impliquaient le
» passage de la ligne sur la rive droite de la Meuse, en telle sorte que la ligne
» d'intérêt général, établie tout entière sur la rive gauche, fait maintenant double
» emploi avec la ligne d'intérêt local entre Mouzon et Pont-Maugis.

» Pour lever cette difficulté, j'ai fait tous mes efforts afin d'obtenir de la
» Compagnie de l'Est qu'elle renonçât à l'exploitation de la ligne d'intérêt local.
» Cette Compagnie ayant formellement refusé de renoncer au traité qu'elle a passé
» avec le Département des Ardennes, il ne m'a pas paru possible d'abroger un
» Décret qui l'investit d'un droit incontestable, et j'ai invité les Concessionnaires
» de la ligne de Sedan à Lérouville, pour le cas où, dans cette situation, il leur
» serait impossible de se raccorder à la ligne des Ardennes dans les conditions de
» leur cahier des charges, à me faire de nouvelles propositions.

» Tel est, Monsieur le Préfet, le véritable état de l'affaire, et je vous serai obligé
» de l'exposer au Conseil général de votre Département lors de sa prochaine réunion.

» Il y a certainement lieu d'espérer que les hypothèses dans lesquelles le Conseil
» se considérerait comme dégagé de sa promesse de subvention ne se présenteront
» pas.

» Mais je vous prie de lui faire remarquer dès à présent que, dans le cas où
» il croirait devoir, après avoir entendu les explications qui précèdent, maintenir
» son vote du 7 mars, et où l'hypothèse dans laquelle il s'est placé viendrait à se
» réaliser, il ne lui appartiendrait pas, quoi qu'il arrivât, de se dégager seul d'engagements réguliers pris vis-à-vis de l'État, et dont la validité ne pourrait être appréciée
» que par le Conseil d'État jugeant au contentieux. ·

» Recevez, etc.

» *Le Ministre des Travaux publics,*

» (Signé) : DE FOURTOU.

Annexe XLIV.

Extraits des procès-verbaux du Conseil général de la Meuse.

SESSION D'AVRIL 1873.

Séance du 19 avril 1873.

CHEMINS DE FER DE LÉROUVILLE A SEDAN ET DE PONT-MAUGIS A MOUZON.

Vous avez, à votre dernière session, émis deux vœux très-importants au sujet de la ligne de Sedan à Lérouville.

L'un était relatif à la communauté absolue des gares de Sedan et de Lérouville. Vous avez, depuis lors, obtenu à ce sujet complète satisfaction, cette obligation ayant été introduite dans la convention entre l'État et la Compagnie de l'Est, en ce moment soumise à l'Assemblée nationale, et les heureux effets de cette obligation imposée à l'Est d'une manière générale, ne se feront pas sentir seulement pour la ligne de Sedan à Lérouville, mais encore pour toutes nos lignes départementales qui aboutissent à la ligne de l'Est.

Votre deuxième délibération portait sur le chemin départemental de Pont-Maugis à Mouzon, qui se superpose à la ligne de Sedan à Lérouville, et qui doit être absorbé par elle, pour que la ligne conserve son caractère général et puisse s'exécuter dans les termes du Décret de concession.

Vous avez décidé que dans le cas où la Compagnie de Lérouville à Sedan ne serait pas mise en possession et jouissance de toute la ligne à elle concédée, et ne pourrait pas la construire dans les conditions du Décret de concession, c'est-à-dire en se rattachant à la ligne de Paris à Strasbourg, à Lérouville, se raccordant dans la gare de Verdun à la ligne de Reims à Metz, et se continuant comme ligne d'intérêt général jusqu'à Sedan par la ligne des Ardennes, à laquelle elle se soude à Pont-Maugis, sans être obligée d'emprunter le chemin d'intérêt local de Pont-Maugis à Mouzon, auquel elle se substitue et qu'elle remplace définitivement, le Conseil général se considérera comme dégagé des engagements contractés antérieurement, et refusera absolument de payer la subvention promise au chemin de Lérouville à Sedan.

Depuis lors, les difficultés qui s'étaient élevées au sujet du chemin de fer départemental de Pont-Maugis à Mouzon, loin de s'aplanir, se sont accrues, le Conseil général des Ardennes ayant vendu le chemin à la Compagnie de l'Est.

Or, la Compagnie de l'Est, en se rendant acquéreur de cette ligne, ne peut y avoir d'autre intérêt que de nuire à la ligne de Sedan à Lérouville; car ce chemin de Pont-Maugis à Mouzon et à Raucourt a toujours été considéré en lui-même comme une lourde charge.

Nous pensons donc que loin de revenir sur notre Délibération du 7 mars, il y a lieu de la maintenir énergiquement, en espérant toutefois que M. le Ministre des Travaux publics, reconnaissant le bien fondé de nos observations, n'approuvera pas le traité du 13 mars 1873, passé entre le département des Ardennes et la Compagnie de l'Est, et remettra la ligne de Sedan à Lérouville en possession de tout son parcours.

Nous jugeons ce résultat à obtenir si important pour le Département de la Meuse, que nous vous prions d'insister auprès de nos députés pour qu'ils prennent cette affaire en mains et agissent auprès de M. le Ministre des Travaux publics dans le sens que nous indiquons, et de désigner trois membres du Conseil général qui seront chargés de faire, concurremment avec eux, les démarches nécessaires au but à atteindre.

M. Bompard donne lecture au Conseil de la réponse qu'il a faite à la lettre de M. le Ministre, reproduite dans le rapport de M. le Préfet.

Bar-le-Duc, le 16 avril 1873.

A Monsieur le Ministre des Travaux publics.

« Monsieur le Ministre,

» Dans le rapport imprimé que M. le Préfet de la Meuse vient de distribuer aux membres du Conseil général se trouve votre dépêche du 28 mars 1873 en réponse à une délibération du Conseil général relative aux lignes de Lérouville à Sedan et de Pont-Maugis à Mouzon.

» Dans cette dépêche, Monsieur le Ministre, vous dites que le vote paraît avoir été motivé par des observations que j'ai présentées, et que ces observations reposent sur une double erreur.

» Je n'ai pas qualité, Monsieur le Ministre, pour analyser les motifs qui ont amené la décision du Conseil général de la Meuse. Dans cette circonstance comme toujours, il a été dirigé par son amour du bien public et son dévouement aux intérêts du Département et un pareil guide ne trompe jamais les citoyens et les Assemblées qui obéissent à ces sentiments élevés.

» Mais, Monsieur le Ministre, permettez-moi de vous dire que je n'ai pas commis cette double erreur que vous trouvez dans mes observations.

» Je sais très-bien que la concession de la ligne d'intérêt local de Pont-Maugis à Mouzon est antérieure à celle du chemin de fer d'intérêt général de Lérouville à Sedan. Je n'ignore pas que c'est le département des Ardennes, et non l'Etat qui a traité avec la compagnie de l'Est, pour l'exploitation à prix coûtant sans perte ni bénéfice du chemin de fer de Pont-Maugis.

» Vous connaissez, Monsieur le Ministre, le rapport de M. l'Inspecteur général Guilbal, l'avis du Conseil général des Ponts et Chaussées admettant en termes explicites l'absorption de la petite ligne par la grande. Le Conseil général des Ardennes, si je suis bien informé, s'était alors déclaré désintéressé dans la question et trouvait même avantage à la substitution d'un chemin de fer d'intérêt général à une ligne d'intérêt local. La Compagnie de l'Est n'a aucun intérêt à exploiter cette ligne sans perte ni bénéfice. Il paraît donc rationnel que, conformément aux avis fortement motivés des Ponts et Chaussées, la ligne d'intérêt général absorbe celle d'intérêt local.

» Votre décision du 11 février 1873, si elle était maintenue, ne permettrait pas à la ligne de Sedan à Lérouville, si importante pour le Département de la Meuse qu'elle traverse dans toute sa longueur, une exploitation utile aux intérêts généraux et départementaux.

» La Compagnie de l'Est serait jugée sévèrement si elle ne vous accordait pas ce que vous lui demanderiez dans l'intérêt public.

Et vous, Monsieur le Ministre, en échange des avantages que cette Compagnie trouve dans la convention que vous avez soumise à la sanction de l'Assemblée nationale, me paraissez armé de manière à ne pas éprouver de refus, si vous insistez à nouveau.

» C'est ce que j'ai eu l'intention de dire au Conseil général, et je ne crois pas m'être trompé.

» Veuillez agréer, Monsieur le Ministre, l'expression respectueuse de mes sentiments les plus dévoués.

» Signé : Henry Bompard. »

Le Conseil décide que cette réponse sera imprimée.

On procède au scrutin secret, à la nomination de la commission de trois membres à désigner en dehors des députés conformément aux conclusions de la commission.

Sont nommés : MM. Pagès, de Saint-Balmont et Fabry.

Pour copie conforme,

Le Conseiller de Préfecture,

(Signé) : Lagarde.

Annexe XLV.

Paris, le 25 Avril 1873.

A Monsieur le Ministre des Travaux Publics.

Monsieur le Ministre,

Malgré les accords établis constamment entre l'Aministration des Chemins de fer départementaux des Ardennes et nous, depuis 1869 ;

Malgré le procès-verbal des conférences tenues le 13 juillet 1871 ;

Malgré sa délibération du 28 octobre 1871 ;

Malgré la lettre de M. le Préfet des Ardennes à votre Excellence du 10 janvier 1872 ;

Malgré l'avis du Conseil général des Ponts-et-Chaussées du 26 février 1872 ;

Malgré le Décret Présidentiel du 12 juin 1872 ;

Malgré la Décision Ministérielle du 26 juin 1872 ;

Malgré la Délibération du 24 août 1872, et les accords intervenus à sa suite entre le Département des Ardennes et nous, en janvier 1873 ;

Le Conseil général des Ardennes, donnant à la dépêche de votre Excellence une portée qu'elle n'a pas dans sa lettre et qu'elle ne pouvait certainement pas avoir dans son esprit, vient de vendre à la Compagnie des Chemins de fer de l'Est, aux mêmes conditions qu'il nous l'avait déjà vendu à nous-mêmes le Chemin de fer d'intérêt local de Pont-Maugis à Mouzon et à Raucourt.

Ce traité, qui crée une situation sans précédent, est subordonné à l'approbation de votre Excellence,

Nous venons La prier, avant de donner cette approbation, de vouloir bien s'éclairer préalablement de l'avis des Pouvoirs qui ont déjà eu à s'occuper de cette question, lors de l'instruction du projet définitif du Chemin de fer de Lerouville à la ligne des Ardennes près Sedan, à savoir :

MM. les Ingénieurs du Contrôle des travaux de cette ligne ;

Le Conseil général des Ponts et Chaussées,

Et enfin le Conseil d'Etat.

Confiants, Monsieur le Ministre, dans votre désir d'éclairer la question qui vous est soumise, nous osons espérer que vous voudrez bien accueillir notre juste demande.

Nous sommes, avec respect,

Mousieur le Ministre,

de votre Excellence,

les très-humbles et très-obéissants serviteurs.

Les Concessionnaires,

(Signé) : A. Lebon et Otlet.

IMPRIMERIE CENTRALE DES CHEMINS DE FER. — A. CHAIX ET Cᵉ, RUE BERGÈRE, 20, A PARIS.— 6574-3.

www.ingramcontent.com/pod-product-compliance
Lightning Source LLC
LaVergne TN
LVHW020207030726
842520LV00003B/932